# LIFE BY THE CUP

ZHENA MUZYKA

# 孤独的时候，不如吃茶去

[美] 珍娜·缪赛卡 著
王国平 译

北京时代华文书局

# 目录

# 序

一茶一会

1999 年 12 月 1 日

美国加利福尼亚奥海镇（Ojai）

我端起茶杯，不等喝第一口，就迫不及待地嗅着腾腾的香气。这时，社区电工凯文飞贼似的，从侧门蹑手蹑脚地溜进了院子。我透过缭绕的淡淡蒸汽，从杯沿上盯着他。

他只顾着向屋后走，压根儿没看到与他只有十二英尺之隔的我，正裹着一条红色的旧印第安毯子，坐在前廊的台阶上沐浴着若隐若现的晨曦。

望着他奔向保险丝盒，我连忙将茶杯放在斑驳的门口，站起身，快得连年深日久的木台阶都没来得及发出一连串吱嘎声。我挺着大肚子，踏着枯草，不等凯文拿扳手关上阀门，就走了过去。他要是关了阀门，我那个单间就没了供暖，也没了烧一日三餐和茶的宝贵燃料。我拦住了他，喊道：“喂！”

他吓了一跳，险些丢了工具。他扭头望着我，肩膀耸到了耳朵，做出一副我要揍他的模样。“你要是关了，我和宝宝不就要冻死了么，你晚上能睡得安生？！”我指了指九个月身孕的肚子。

他眯着眼睛瞧我。这不是我们初次见面，也绝不是最后一回。

我怯怯地笑了笑，吓着了他，我心里着实过意不去。“我跟你说呀，凯文，你知道我会付账的，何苦这样呢？”我堆起笑脸，扮可爱状。

“你都四个月没缴费了！”他分辩道，“你这不是要砸我的饭碗嘛！”

“你瞧”，我说，“我这不是快生了嘛，生完我就能找工作了。你能不能再等两周？回去告诉你们老板，就说我养了一条吓人的狗或什么的。”

他瞅了我好一阵，才垂下肩膀：“你想想办法吧，你知道，我们老板可……”

我知道。我就快临盆，唯一的资产是一辆锈迹斑斑、连挡风玻璃都没有、有三十个年头的破车，银行账户始终不超过十美元。千方百计求生的人还能想出什么“办法”来？

“人家不招孕妇，你又不是不知道……”我强忍住泪水，对他说。

他摇了摇头，迈着重重的步子走了。谢天谢地，他没断了我的电。

我的人生不知从什么时候起乱了套。只怪我天性冲动，又不懂得把握时机。我是个一文不名，又身怀六甲的二十四岁大学退学生，为了生计敷衍一位老实巴交的勤杂工。

我转身回到前门，只觉得一阵眩晕。为稳住身心，我一把抓住我的“依靠”——那杯搁在门口的清茶。

我曾是一名优等生，拿的是全额奖学金，是别人眼中“前途无量”的姑娘。也许是我吉卜赛人的血液中隐藏着渴望冒险的天性，我从大学退学，去秘鲁学习草药，结婚，又离婚。这期间我靠配制草药、给人家看手相谋生，就像我的吉卜赛家人做过的那样。

我当初没想到自己二十四岁就要一个人养活一个孩子，

眼前的境况让我伤心欲绝。我想必在门口坐了许久，因为等我再喝茶时，茶已经凉了。

我大声地祈求："上帝啊，求求你了，给我指条活路吧！"无人回应。

我抬头望着远方的山峦，进入我脑海的答复是两个古怪、不搭界的词，"吉卜赛"，接着是"茶"。

"当真？！"我喊着，盯着茶杯，仿佛上帝就在杯子里。

我以为大脑出现了幻觉。我毕竟是一个喝着茶的吉卜赛姑娘，所以这个主意只能出自我绝望的大脑，而不是全能的上帝。不过，重操祖传旧业——配制我热爱的草药茶，绝不是一时冲动，这会成为我创造美好世界的动力。

我的儿子塞奇先天肾功能不全，随时有生命危险。有那么几周，我们是在医院的候诊室和外科中心度过的。我时而祈祷，时而泣不成声，时而闭上眼睛，不敢想万一失去我的宝贝儿子该怎么办。我幻想着孩子们欢声笑语，妈妈们端着艳丽的茶杯，一群服饰鲜艳的女郎正围着她们跳舞。漂亮的吉卜赛女人们脸上露出亲切的笑容，自豪地展示她们手工制作的首饰和看相的本领。桌上摆着一个个茶杯，斟满了具有安神效果的花草茶——这是我在喜欢的香水的启发下，亲手调配出来的。这一杯杯茶水能抚慰母亲的烦恼，点燃孤独之人心中爱的火花，给姑娘们勇气，平抚人们的情绪，让他们欢聚一堂，共享茶会。这一切，都在我脑海中真真切切地浮现着。吉卜赛主题茶会的一幕幕景象渐渐有了雏形。

一种摆脱困境的方法，一句承诺，一个梦想——对我来说，这一切就是茶。

01

# 一个杯子的容量

## 一切苦难都被重新定义

茶给人的感官上的愉悦首先在于盛茶的器皿。我喜欢双手捧着茶杯，缓缓地送到唇边。如果以茶杯喻人，那么它代表着一个人的心灵是否宁静而温暖，是否得到了滋养。此外，从茶杯的容量也能看出我们的阅历。薄如纸的杯壁体现着手艺人的技术和匠心。如果你留意自己喝茶的杯子，那么你将发展出一整套关乎品茶和生活的哲学。

我有一只签了名的茶杯，那是我亲手绘制的，集合了暗红、粉红、墨绿、深蓝和金黄等丰富的色彩，仿佛一枚乌克兰的复活节彩蛋。我将茶杯送给了玛丽亚奶奶——我那位从乌克兰移民来的吉卜赛祖母。它的容量很大，可以盛不少茶，也盛得下玛丽亚奶奶那历经艰辛、饱含深情和勇气的无数段人生记忆。

一对青年夫妇对我讲述了他们历尽千辛万苦逃离家园的经历。他们心平气和地历数抛却亲人、赤着脚翻越冰雪覆盖的雪山、千方百计地防止冻伤、得了雪盲、险些命丧于一场雪崩……听他们故事那年，我二十二岁，想不明白他们何以如此地平静。他们骇人听闻的经历让我想起玛丽亚奶奶是如何熬过了集中营、饥荒以及针对吉卜赛人的政治迫害。她刚刚去世不久，我正准备为她作传，讲述她的艰辛和苦难，纪念她的抗争。这对夫妇的故事让我义愤填膺，没想到世上还有如此不公。

我脱口而出："你们为什么这么平静？他们夺走了你们的一切，你们难道不愤怒？！"

"那又何必，痛苦自有它的意义。"年轻男子说。他慈眉善目的妻子点了点头，握住他的手。"你知道"，他接着说，"人生下来的时候，不过是一截原木。我们这辈子经历的苦难，是上帝之手在雕琢我们，让我们成器。雕琢有切肤之痛，但每凿下一片粗胚，都是将我们雕成一只容积越来越大的杯子。只有这样，我们才有足够的空间容纳爱、幸福、经历和美德。”

玛丽亚奶奶也秉承着同样的观点。历经了种种非人的折磨之后，她不但不怨天尤人，还能表现出无尽的爱，对往事既往不咎。

这让我不禁反省。我对辜负别人、愧对自己的不堪经历的痛心，渐渐被新的认识所取代。也许是上帝之手塑造了我，丰富了我的阅历，纠正了我的缺点，让我不再怨天尤人。我不再是个受害者，而是一个被精心塑造的器皿，一个正准备迎接美好未来的人。

“最终”，年轻男子轻声说，“杯壁越琢越薄，直至消失不见，你破壁而出，与外界融为一体，焕发出新的生机。”

说话间，一切苦难都被重新定义。

儿子塞奇出生后经常生病，医生最初以为是疝气，但四周大时，他被确诊为肾功能衰竭。不出几个小时，医生就给他注射了放射性同位素，以便检查他双肾的病情。接下来是准备手术。看着他的小腿不服气地又踢又蹬，我泪流满面。

这时，“杯子”的比喻丝毫不能减轻我的痛苦。我的宝宝懵懂无知，不明就里。他受的苦毫无意义，而我却束手无策。我心如刀绞，只能强打精神。

手术进展顺利。在康复病房，我捧着塞奇的小脑袋，托着他的小脚，眼睛一刻都不敢离开他。

一位护士走进病房说："我们打算为你和宝宝挂一道帘子，好再安排一名病人进来。"

"我要是吵到人家呢？"我为难了，"我怕忍不住又要大哭一场。"

"哦，别担心"，她说，"你想哭就哭好了，这对你有好处。"

不久就传来了另一张床被推进病房的声音，接着又窸窸窣窣地打点滴，接监视器。

塞奇安静地睡着了。他长不过我的前臂，小得可怜。

虽说看不见帘子后面的那位妈妈，我却对她有种亲近感。我能听见她一边深吸一口气，一边翻书。我听见她在手提包里摸着什么，接着一支唇膏掉在了地上，帘子下伸出一只手去够。而后她又深深地叹了口气。

"你好！"我壮着胆子问候。

"你好！"她答道。

“我是珍娜，我儿子塞奇住院，他才四周大。”

“哦，真可爱。我叫梅雷迪思。我儿子科迪十二了。”

“请问他为什么住院呀？”

“哦，他缺消化酶，所以我们要靠静脉注射补充营养。但现在静脉注射他也不能吸收，一点营养都吸收不了。”

她的语气沉着、镇定，但我能感觉到她淡淡的忧伤。

“塞奇怎么了？”

“是肾。医生要在他的膀胱上开一个口，等到他三岁左右，医生才能修复他的泌尿系统，把口缝上。”我第一次对别人说起儿子的病情，胃中一阵痉挛。

“这儿的医生个顶个儿地优秀。按你说的，他很快就会好起来啦。”

“你们不会一直靠静脉注射养活科迪吧？”我问。

“但愿不必，可都十二年了，酶疗法到现在也不见效。”

“他吃过东西吗？”我问。

“没”，她说，“但愿不久之后会吧。”

我没接话。她眼睁睁地看着儿子受苦，承受这么久的痛，我们不过才刚刚开始。我要从哪儿得到勇气，治疗塞奇的病呢？

我走出病房，打算喝杯果汁。儿科病房里满是父母，他们或徘徊，或打手机，或追着护士要一个答复，或给康复中的孩子读书，每一次呼吸、每一句话、每一个眼神都充满了浓浓的爱意，不遗余力地为孩子奋斗。

两周后我们回到自己的小屋。我从搁架上取下玛丽亚奶奶的茶杯，这是我对她仅存的念想，每次见到它都受到鼓舞和倍感欣慰。我站在门口，一边喝着茶，一边望着阳光将峡谷染成粉色和金色。这个茶杯盛满了我对她的记忆，她轻言细语的祈祷，她唱的吉卜赛炉边歌，她在神奇的花园里给我上的童年第一课，告诉我土壤能养活我们。她失去的太多，但她的爱影响深远，即便她已去世，依然鼓舞我至今。

经过暗无天日的那两个星期，我发现我和塞奇的人生被改变了。似乎为了迎接一个奇迹，为了让我给儿子建立新的生活，我被撕开，被雕琢得更宽，被注入了我需要的大爱、信念和动力。没有刚刚经历的痛苦，我兴许永远也发现不了我有这些能力。

**杯子格言**

痛苦意味着即将改变。

多年以后，我开始修习冥想，它好似一项了却无尽悲伤的“技术”。通过冥想，让上帝之手将我们雕琢成富有爱和同情心的人，帮助我们弥合痛苦的伤口。

我第一次冥想的时候，痛苦仿佛汹涌的波浪，令我招架不住。我的双膝、后背和脑袋酸痛难忍，心中也隐隐作痛。我还义愤填膺，不满世间的苦难、不公、贫困、污染、战乱和贪婪。我不时想起塞奇痛苦的哭喊，恨不得从禅垫上跳起身，在四壁播出一个个洞，尖叫着替他驱赶病魔。我要制造声势，给痛苦点颜色瞧瞧。可惜我只能默默地、耐着性子承受这段痛苦。不能打电话向妈妈哭诉，不能出去与朋友喝一杯，不能向兄弟倾诉人生的不公。我只能一声不吭、一动不动地坐着。

有一天下午，在我以为快坐不住的时候，仿佛奇迹似的，我发现冥想的苦俨然是另一种享受。我用尽一生去追求幸福、远离痛苦，却求不得片刻这般心境。这让我明白，我始终在渴望，却从不满足。我内心的愤怒化作痛彻肺腑的悲伤，我无声地呐喊。冥想的间隙，我在室内徘徊，恨不能倾诉我的苦闷，但由于冥想期间绝对不能出声，甚至不能与其他人有眼神交流，因此我没有听众，也没办法逃离。这时我发现痛苦失去了锐气，渐渐消退，取而代之的是释然、快乐和好奇，继而又是痛苦、沮丧和愤怒。这些情感交替出现，千方百计地引起我的注意，但我听从老师的嘱咐，不去管它们，只要注意到它们一一呈现，尽量平心静气地说出它们，然后再放下。最后，经过几天冥想，我发现痛苦终于可以被驾驭，因为我不再千方百计地驾驭它。

冥想课结束时，我只能大笑。人家问起我的体会，我只能发自肺腑地大笑，因为无法形容自己最终感受到的轻松。在这段难熬的日子里，老师们静观我坐在禅垫上，时而泪流满面，时而开心地咯咯笑个不停。痛苦情结是我的负担，分量超过痛苦本身。痛苦越深，放下后越是一身轻松。

我飞也似的跑回家。我不再是一个一本正经的妈妈、女商人，终日不苟言笑，仿佛要是不能二者兼顾，就如同到了世界末日一般。我抱起塞奇，将他抛到空中，挠他的痒痒，搂着他满地打滚。我盯着他清澈的小眼睛，吃吃地笑着，将心中喷涌而出的疗愈感悟注入他的肾脏，这种感悟恰恰是深植于我心灵土壤的痛苦种子结的果。

**不堪言说的苦痛是洗礼，是重生，是新生儿的一声初啼。**

**——乔治·艾略特（George Eliot）**

02

# 一杯甘菊茶

## 不肯示弱是最大的弱点

洋甘菊（以下简称甘菊），仿佛洒落在我门前小路旁的点点星光。甘菊花苹果般香甜的气息犹如心灵的慰藉，鲜嫩的花朵仿佛一个个鲜艳的小太阳，雪白的花瓣包裹着金黄的花蕊。忙着授粉的蜜蜂舞着沾满花粉的腿，掠过金黄的花丛。

用甘菊、茴香和鲜柠檬皮配制的开胃茶可追溯到古老的罗马时代。那时候，客人享受了丰盛的土豆丸子、蚕豆和羊乳干酪，喝足了内比奥罗红酒后，和蔼可亲的祖母就会呈上这种茶。

甘菊茶的传统做法是：用烧开的泉水冲泡三种茶料，再淋上几滴淡黄色的生蜂蜜，最后再往茶水里撒入碾碎的鲜柠檬皮提味，调出沁人心脾的香气。

甘菊有清心除烦的功效，吉卜赛人还认为用甘菊汤沐浴可带来财富和运气："让运气浸透你的肌肤。"我对甘菊的魔力深信不疑。一直以来，甘菊就是败毒、祛火的良方。在钱包里夹甘菊花能招财，用甘菊汤洗手后能赢钱。

在怀孕之初，我想得很简单：在家分娩，有一位和蔼的助产士为我跑前忙后。孩子出生后，我要做一个宅在家里的作家，不离左右地陪塞奇度过童年。婚姻破裂打碎了我的如意算盘，写作陷入了停滞，而且由于种种原因，我的宝宝只能在医院出生。我完美的儿子如今却需要特殊照顾。

父亲将我培养成了一个非常有主见的人。他常挂在嘴边的几句话是"你要靠你自己，不能指望别人"，"勤劳才是可贵的品德"以及"不要游手好闲，要靠自己闯出一条路"。因此，塞奇出生后，我没有迫不及待地告诉别人第一次做母亲的经历有多糟糕。我怀抱着六周大的儿子出院回家时，只觉得自己是一个最失败的人。我不知道从何处下手安排我的生活，但有一点是肯定的——我只能靠自己。

塞奇睡得很安稳，仿佛前几个星期的哭闹和不适从未发生过。我学会了小心翼翼地操作从他腹部和尿布下进出的管子，但周期性的偏头痛折磨得我寝食难安，困苦和疑惑耗尽了我的精力。照料塞奇时些许的疏忽都可能是致命的，哪怕轻微的感染都能轻易将他从我怀里夺走。我被逼到崩溃的边缘，感觉上帝挑错了妈妈。

我的眼圈由灰变紫，活脱脱一副僵尸模样。我抱着塞奇，一连几个小时出神地望着窗外。冰箱里变不出食物，我急需一碗热饭热菜。可我就是饿肚子，也不愿让人家瞧见我这副惨状。

小儿泌尿科医生说过，母乳对塞奇的肾最有利。如果我不吃，他哪有得吃？终究骨气不能给宝宝当饭吃。这时候，我要重新考虑父亲在“独立自主”这个命题上对我灌输的观念 。

我思忖着几条出路。给父母打电话？没门儿。给高中的闺蜜打电话？她也自顾不暇。如果说过去我营造了一个堡垒，一个“我”的堡垒。我有本事，我自力更生，我不求你们，任你是谁。但现在我不再是一个人，“我”变成了“我们”。

我想到了我的邻居。每次见到她，她都神采飞扬地在园子里跑前跑后，忙个不停。我和她还算不上朋友，但我兴许可以开口向她讨几个橙子，或者从她园子里翻进我园子的南瓜。

我盘算了几个小时，想着怎么才能把这些看起来可口的蔬菜弄到我的炉子上。我要装作不动声色、漫不经心的样子说：“哎呀，我倒想尝尝这种绿皮西葫芦，我们换吧？我拿药茶换你的蔬菜，好不好？”

到了最后，我哆哆嗦嗦地拿起电话，拨了她的号码。外面下着倾盆大雨。

“你好！”她接了电话。

“你好，艾娃……我是你的邻居珍娜。”

“哦，你好，亲爱的！你还好吧，宝宝呢？”

“我很好……哦，其实……呃，真的不太好。”我恨不得咽下这句话，但我好不容易说出了口。

“怎么了？”她问。

“怎么说呢……他得了肾功能衰竭，我原以为是疝气。”我的眼泪夺眶而出。我真是个废物，我原本不打算告诉她实情的。

“哦，天呐，天可怜见。你没事吧，宝宝也没事吧？”

我这下脱口而出：“他会好起来的。医生在他膀胱上开了个口，接了根管子到他的小肚皮外面，好让他排尿。”尽管我怕说这句话，但话说出口，却暂缓了我的痛苦。

“哦，可怜的宝宝，”她说，“我能给你拿点什么过去么？”

“呃，”我低头瞧了眼塞奇，“好的，其实……我很饿。我还在哺乳，家里什么吃的都没有……”

她满口答应：“我一个小时后就过去。”

我羞得满脸通红，觉得胸口发紧，悬着的双手抖如筛糠。但放下了毫无意义的自恃，我看到了一线希望。

悲伤和恐惧逐渐消退，我的眼前浮现出同情、食物和友谊，并且越来越近。

我所接受的家庭教育有一个显著特点——千万不要给人添麻烦。我小时候，玛丽亚奶奶经常要花一周的时间，为全教区的人一片片地烤面包。她不断地付出，不过是为了融入别人的生活。她用完了家里的面粉和鸡蛋，累得筋疲力尽，靠在椅子上呷着茶，喘着粗气，对自己的付出心满意足。但等到医生发现她的癌细胞已扩散到了全身，她需要别人为她祈祷时，她却不许我们对教区吐露一个字，因为她不想“麻烦”人家。

我做消防员的父亲堪称硬汉的楷模。记得一次父亲从树上摔下来断了腿，他仅仅拿一截木棍和几根绳子一绑，就去修消防通道。还有一次，他的胳膊被一把锈迹斑斑的劈柴刀划得见了骨头，他用一件 T 恤和几根电线一缠，接着又为邻居劈了好大一堆橡木。我号啕大哭，求他去看医生，他理都不理我。

也许是深受家人影响，我认为示弱和求助实在丢人。不知有多少次，我谢绝了希望出一份力、好心帮我渡过难关的人。即使我身无分文，也从没让朋友替我付过账，哪怕这意味着我要透支。现在要与邻居接触，我一时觉得惶惶然。等邻居过来的间隙，我恨不得打电话告诉她“不要紧，一切都好”，只要能保住面子。

不等我真的打电话，艾娃就敲敲门走了进来，她在滴着水的黄雨衣下，一手挽着一大壶扁豆汤，另一只胳膊下夹着满满一瓶金黄的液体。她冲我笑了笑，径直走向炉子，点着了火。

她将玻璃瓶中的东西倒进茶杯，屋内弥漫起一股草药的芬芳。

她说："这茶是罗马老配方，我祖母传下来的，是用甘菊、茴香籽和柠檬片配的，可以安神、催奶，还能预防宝宝胀气。"

我接过茶杯，抬头冲她笑了笑，一时说不出话来。

"这扁豆汤够你喝一个星期的，"她说，"我再回去给你拿点蔬菜过来，你好往汤里添。"

我深吸着茶香，喝了一口，一股暖流沁入心田。雨点敲打着铁皮屋顶，我心中却渐渐地雨收云散。塞奇醒了，我将他搂在怀里。

艾娃挨着我坐了下来，听我倾诉，听我敞开心扉。

现在我才明白，"不给人家添麻烦"就等于断绝了与人家的往来。秉持这种心态的人不可能真正走近他人，除非你无欲无求。

### 杯子格言

不肯示弱是最大的弱点。

最近，来自《财富》百强企业、跨国银行、美国和加拿大政府的50位女性高管和MBA教授齐聚一堂。面对满座的精英，我说道：“需要求助时难以启齿的请举手。”没举手的只有两位。

不肯求助让我们觉得仿佛一切尽在掌控中，即使不是那么回事儿。我们在自认为的掌控中麻醉自己。付出的时候，我们在掌控；接受的时候，就是失去了控制。我平生习惯了付出、掌控、驾驭，做个“女强人”，可轮到塞奇，我却经历了一段心理落差。

我们一旦求助，就是让别人分享我们的人生，就是投资友情。求助的时候，我们也许认为自己要求得“太多”，但人家一般会为我们的坦诚感到荣幸。我们其实是给了别人伸出援手的机会。交情就是这么来的。

求助和接受他人帮助的关键是要将它当作一种习惯，而不是挥之不去的心结。求助并不丢人，也没有错。我们不求人，是因为我们不知道能求，我们没学过求助这门课。我们最需要帮助的时候，往往是我们最怕示弱的时候，这恰恰是我们的痛处。改变自己，不再一个人苦撑。接受别人的友情就始于逐步提出明确的要求，心安理得地接受他人伸出的援手。

## 练习：明确地提出请求

在这个练习中，你要放得开，明确地向对方提出请求。对方答应帮助你也好，不答应也好，都不要紧。要紧的是你能否鼓起勇气，展示自己脆弱的一面，并且付诸行动。

求助的秘诀在于要求提得明确，方便别人掂量能不能帮上忙。是求配偶给你一个拥抱、帮忙做家务、出个主意、给些钱或是多给你一些关注？还是希望得到老板的表扬？你不妨先想象自己敞开心扉，想要什么尽管提，不用纠结他们的答复。鼓起勇气，来吧！

（1）确定你真正需要的东西。

（2）确定向谁求助。

（3）确定打电话或当面说——给自己定一个截止日期。

（4）写下你的具体需求，就当把你要说的话排练一遍。你可别寄信或写电子邮件，写在纸上是为了让你坚定自己的要求。例如：

亲爱的 ______，

这辈子幸好有你。

我想求你 ______。

不知你能否 ______，帮我一把。感谢你愿意伸出援手。

谢谢你。

（5）要求的几个要素包括：你求助的人，一句感谢的话，你的具体要求（如果是希望伴侣对你更加关爱，你要说得明确具体，比如多一些抚慰、鼓励或者其他形式的“爱的语言”），你需要对方提供帮助的时间，感谢对方考虑你的要求。

（6）将要求记在纸上，可以写得简洁明了，有助于把握自己的情绪。你手上要始终准备一份书面请求，免得你见到对方时，大脑一片空白。

（7）提出要求后，要沉得住气，多给对方一些答复的时间。不要喋喋不休，急着排遣你的不安。他们的答复恐怕出乎你的意料——兴许是满口答应，兴许是一个“不”，但提出换个方式帮助你，这或许更胜过一个“行”。

03

# 一杯薰衣草茶

## 温柔的力量

奥海山谷的薰衣草仿佛紫色的野火。塞奇出生后，我经常到附近的农贸市场，去闻一闻花农出售的薰衣草的清爽香气。尽管我买不起那些扎着丝带、独具匠心的花束，但花农们却送了一些枝条给我。我沿着小屋种了一圈。花开了，我摘下花朵，掺进一种来自南非、名叫路易波士（Rooibos）的暗红色树皮泡的茶中。这种茶能安抚人心。我常常用手轻搓毛茸茸的薰衣草花，嗅着我的手掌，沁人心脾的清香让我镇定、勇敢、充满灵感。紫红的甘露激发起我对我和儿子美好人生的向往。

路易波士高达七英尺，枝条随风飘舞，沐浴着南非热烈的阳光。它能缓解肠胃疾病，非洲各地的妈妈们历来用它治疗宝宝的腹痛。它还能促进胶原蛋白生成，留住美丽的容颜。

它的树皮柔软有光泽，切碎后仿佛一根根细小的红针，从茶袋里露出来。它的茶汤呈鲜红色，将从塞德堡山（Cederberg Mountain）富饶的土壤中吸收的微量元素渗入我们的细胞。

那段时间，我在一家服装店一周打两天工，向游客销售奢侈的鞋子和服饰。一天午休，我注意到奥海社区咖啡书屋门口挂了一个店面出售的牌子，上面的告示字斟句酌："收获过很多的成功和欢乐后，我们决定出售本店。有意者请联系店主。"

"嗯……"我心想。

眼下我说什么也买不起一家咖啡书屋，但这个念头却让我怦然心动。我憧憬着在铺着斑马皮的儿童区为一群孩子读书，每天午后，院子里飘着吉卜赛小提琴声、欢快的歌声和新上市的乌龙茶袅袅的清香。我听着一阵阵欢声笑语，笑容满面地计算着一天的收入。

回服装店的路上，自己经营一家茶馆的美梦始终在我心头挥之不去。我何不打个电话，打听一下情况呢？我可以编一个名字，免得店主知道我就是那个生着一头卷发、笑得大大咧咧的售货员。

那一整天，我都心花怒放，不住地颤抖。我有一种“盘下了这家店，就能如愿以偿”的直觉。临近下班，我进了老板的办公室。老板办公桌上的那部电话似乎在闪闪发光。我忍不住想伸出手，但理性又一次占了上风。

我的情况已经渐渐有了好转：家人轮流替我照顾塞奇，我才有时间在这里工作。这里薪水虽不多，但毕竟给了我希望。燃气费、饭费和尿布钱算是有了着落，除去一个月的基本生活费，我还能稍有盈余来支付医院的医疗费。我不想冒丢饭碗的风险。我每月赚 35 美元，却想用 17000 美元盘下一家店，这无异于拿一把小镊子挖珠穆朗玛峰。为了一个不切实际的幻想放弃眼前小小的保障似乎毫无道理。

我开始想象消极的一面：书店店主一准认为我不知天高地厚，荒唐可笑。我干的傻事很快就会传遍小镇，大家都跑到服装店来看热闹。我会被解雇，要债的人恨不得踏破我的门槛，父母会与我断绝关系，房东会将我扫地出门，我和塞奇又要流落街头，靠乞讨度日……

但这些悲惨的想法却打消不了我的兴奋。一整夜，我翻来覆去地憧憬着一间吉卜赛茶馆，四壁挂着奶奶亲手绣的挂毯，货架上陈列着精挑细选的茶和刚烘焙好的咖啡，店里还有一个汇集各国书刊的书摊。小镇的居民在这里一边品茶、看书、买书，一边感受宇宙的浩渺。

我与店主约了见面时间。要做什么，我心里还没底，但我有两个星期的时间考虑。

我打电话给卡梅尔镇（Carmel-by-the-Sea）的朋友加斯顿，请这位优秀的餐馆老板、企业家和演艺家指点迷津。他问我，炎炎夏日，奥海有没有人肯喝热茶。我要他放心，夏天卖冰镇香槟、啤酒和咖啡足够我填补家用。

说着说着，我突然茅塞顿开。我意识到自己生来知道要做什么，怎么去做。我问加斯顿这个方案是否可行，他说："只要这是你热衷的事业，我就看好你。"要的就是我钦佩之人的一句鼓励！

趁塞奇睡觉的工夫，我写了一份经营方案，调查了茶叶进口商，拟订了天井的装修方案，加了几眼喷泉和一座大凉亭，选了本地艺术家设计的瓦。我说干就干，都来不及担心。

见面那天，我穿上唯一的套装，戴上几件古怪的吉卜赛首饰，将头发挽在脑后，踏上一双"恨天高"，踩高跷似的出了门，奔向我似锦的前程。接着，我仿佛不认识似的看着我的车：它斑驳不堪，仪表盘甚至露出了底漆。野猫以为缺了的车窗是有意请它们进去谈情说爱，它们挠破了驾驶座，释放出一粒粒细小的、黏糊糊的黄色泡沫。我吸了一些，喷嚏打个不停。刚发动汽车，又把轮罩里的一只松鼠吓得夺路而逃。我驱车上了路，副驾驶座上放着我精心设计的经营方案。

从我那小屋去十英里外的小镇的路上，我越来越紧张，继而是激动，再后来脑海中响起一个声音："你到底在干什么？除了一个离不开你的孩子，你一无所有。"

这个声音越来越响。我放慢了车速，停在路边，路边是一条小河，冬季的雨水让河水暴涨，哗哗地流淌。我环顾四周的树木和山峦，又望着后视镜中的自己，狠狠盯着自己的眼睛："尽管去吧。"

于是我又发动了汽车，往镇上驶去。

"他问起我的资金，我怎么说呢？"

"实话实说。"

"他要查我的信用呢？"

"实话实说。"

"我穷困潦倒，他凭什么要赊给我？"

“实话实说。”

我将车停在六个街区开外，沿着石板路走向那家书店。与书店隔一个门脸是一家小型百货商店，我冲进去，想最后再照一下镜子。要见面的店主来自好莱坞，兴许见惯了衣着光鲜的人物，喜欢以貌取人。

我在洗手间整理了一下西装外套，还不算太坏。这是一套三件精纺羊毛套装，领口开得很低，稍稍露出了绣花胸衣，我信心倍增。我又补了睫毛膏、腮红和唇膏，决定散开头发。我抖散了头发，瞥了一眼后背，不觉倒吸了一口凉气。塞奇吐的奶在我背上和臀部结了痂。我冲到水槽边，沾湿了纸巾，擦着脏兮兮的奶渍。纸巾化开，让我的套装雪上加霜。

“瞧，你傻了不是？你没这个本事！”

我没停手。

“想想你有多毛躁。这就是一个证据！你这就回去吧，谁也不知道！”

这个声音说得没错。我身无分文，只有几个好的创意。我要接受自己的处境，这就打道回府。

但我看到了镜中的眼睛。这双眼睛镇定、从容，并没有充满恐惧。“尽管去吧。”我转身，径直去了那家书店。

店主是一位喜爱咖啡的导演兼制片人，他一直在靠其他进项撑着这家店。

“为支撑这家店，我想尽了办法。”他坦陈。

他看不出这家店的潜力，我却能看到。我按加斯顿的指点，把心中的疑问都提了出来，比如租赁方式、房屋的维护等。我一点都不害羞，陈述了收入预测、营销方案、地面改造计划、新菜单的想法……我们兴味盎然地推敲这些创意。我每提出一个创意，他就增加一分兴致。不知不觉中过了几个小时，我该告辞，回去陪塞奇了。

我说：“那么，你愿意把这间店赊给我吗？你知道我会全力以赴的！”

“我为什么要赊给你？我原本打算卖了它，如果我仍然出资，那我为什么不请你做顾问，请你来管理？”

“哦，这个，因为我需要一个安身之地，我儿子身体不好，我想如果我盘下这间店，我就可以带他来上班。”

他答道：“带他来吧，照你说的计划去办，你会一切顺利的。”

## 杯子格言

**我们脑中有过无数创意，**

**但有所回报的却是我们实际采取行动的那一个。**

我去纽约拜访了一位女士，她是一家大型对冲基金公司的销售主管。她从头学起，从一名分析师一步步成长为行业内的佼佼者。后来她跳了槽，她希望学新闻界的乔恩·斯图尔特（Jon Stewart，擅长用搞笑的形式讽刺新闻事件和人物，曾连续获得过11次艾美奖。——译者注），建立自己的网站，用诙谐风趣、易于理解的语言向外行人解释财富，把理财变成一种风趣的知识，树立起普通人理财的信心。

我问她网站的盈利模式，她眨了眨漂亮的淡褐色眼睛说，她不过是“付诸行动”。

她说大家都以为她疯了。得知她放弃高薪去自己办网站之后，连她的发型师都吓了一跳。但她为了实现梦想，坚持不懈地付出努力。

一分耕耘一分收获，不论我们身处哪一行。我们脑海中有过无数个创意，但有所回报的却是我们实际采取行动的那一个，哪怕刚开始我们不清楚到底如何去做。

行动才能证明你是谁。如果你想成为一名作家，哪怕不知道要写什么，你也要坐到电脑前；如果你想做生意，即使名下没有财产，但写经营方案不花钱，只需要你努力；如果你想结婚，你势必要向意中人表明自己的亲切和关怀。

行动并不需要动什么脑筋，不需要 MBA 或博士学位，不需要遣词造句或大笔存款，要的只是胆识，尤其当你的疑惧挥着大棒、直奔你而来的时候。

大企业家的创业故事最动人的情节往往就是开端。菲尔斯太太在自家厨房里烤甜饼起家，史蒂夫·乔布斯在一间车库创办了苹果，雅诗兰黛夫人在浴缸勾兑护肤品。这些故事说明，我们也有这样的资格，哪怕赤手空拳，仅凭着痴人说梦般的一厢情愿。

你无须等到万事俱备。义无反顾地迈出第一步，你就树立起了自信。唯一真实的是你的行动和投入，你内心的疑惑才是虚幻的。

## 练习：为了梦想，该出手时就出手

坚定了梦想，你才能出手。明确了目标，你才能将它付诸行动。哪怕是确定自己的梦想，也是一种行动。所以，请你泡一杯茶，拿出纸和笔，明确你的梦想，树立一个目标。

（1）写下你的远大理想（比如生一个宝宝、创业，或带妈妈去意大利）。

（2）如果你暂时没有梦想，那么不妨想想挥之不去的心结，多挣些钱也好，想学画也好，在自己的领域赢得一个奖项或独占鳌头也好。不论是什么，请写在纸的最上端或在你的意识里给它一个明确的定义。

（3）用肯定的语言描述你的梦想。比如，我希望减掉 10 磅，拥有健康、苗条、体重 ____ 磅的身材。我希望拥有自己的事业，有钱带家人出游。我希望挣够钱，去做我心目中最重要的事。

（4）写下你今天能为实现梦想做的五件事。比如你的梦想是在公司里多挣钱，你不妨写到，我要穿着我最好的西服、裙子、衬衫，自信地去上班；我要提前到单位；我要与老板谈一谈，明确提出多承担些责任；我要有效地执行计划，履行我的诺言。

（5）写下你的梦想，贴在显眼的地方，比如你的车里、卫生间的镜子上、冰箱门上、手机套上，或作为你的手机屏保。每天坚持做五件事，能让你与梦想更近一步。请你切记：你这么做，是为实现自己的梦想积累证据和信守承诺。哪怕你不知道如何实现梦想，但你的行动能让你迅速地走向成功。

直觉是心智，它从不解释，但指明方向。

——佛罗伦丝·斯卡维尔·希恩（Florence Scovel Shinn）

信念，就是即便看不见长阶通向何方，却仍然迈出的第一步。

——马丁·路德·金（Martin Luther King Jr.）

在探索的道路上智力无甚用处。在灵光一现中，也就是直觉，或者随你叫它什么吧，你不知不觉中就找到了解决办法。

——阿尔伯特·爱因斯坦（Albert Einstein）

04

# 一杯茶拿铁

## 所求即所得

做茶拿铁，红茶的效果最佳。我用咖啡磨将茶叶磨碎，为的是获取最醇厚的苦涩，然后用滚开的牛奶冲泡，直到白色的泡沫泛出焦糖色。滤茶渣我用的是一个柄上镶着翡翠的银滤网，为这杯茶拿铁增添了一分只可意会不可言传的魔力。

咖啡书屋仿佛是自家的实验室。我一边摆弄茶具，一边听塞奇在一旁的吊篮里叽叽咕咕地笑个不停。我从世界各地的茶商那里订了许多免费的样品，有了一盒盒茶叶、调味品和纯糖浆，我动手配制出了上好的茶，再点缀芬芳的香料和草药，我拥有了一份独具特色的品茶单。我的茶拿铁配上奶香浓郁的焦糖，再撒上几粒粉红色的喜马拉雅岩盐、一小撮醉人的法国香草、几瓣鲜艳欲滴的红玫瑰花瓣、一些本地产的榛子碎以及手工研磨的肉桂粉，就像一次有着异域情调、令人垂涎欲滴的旅行，带我遍访美丽世界。

构思和配制茶饮令人开心，创造带来的活力妙不可言。我用研钵研磨小豆蔻，再加上迷迭香和白茶，配出了一道皇族才能享受的土耳其下午茶；用自制的杏仁奶和鲜橙花蜜冲泡新鲜的茉莉花和龙井茶；用文火煨粉红色的、肉乎乎的玫瑰花瓣，醉人的埃及白薄荷露和绿茶尖……在这片创意空间里，我构思出了令人惊喜的风味搭配，如杏仁配印度什香粉（Garam masala，印度的一种混合香料，包含了香菜籽、孜然、玉桂子、肉豆蔻粉、小豆蔻粉、胡椒、丁香、小茴香、香叶等香料。——译者注）、姜黄粉配向日葵、紫罗兰配白巧克力。六个月的时间里，我为这些配方倾注了满腔热情。我开始憧憬自己开一间茶馆，就是我看见书屋门口挂牌出售那一刻憧憬的茶馆。如今我解决了温饱，可以休息片刻，自己创业的愿望却越来越强烈。我的创意越多，越渴望把握自己的时间、拥有自己的事业。我当初想象中的一粒沙子，如今长成了一颗珍珠。

每一个人都有与生俱来的独特天分，天分的核心不为人知，等着我们去发掘，带到阳光下与人分享。我们一生的任务和目标就是开发和使用它。我们的每一段经历都是向着这个目标更近一步的机会。一旦发掘出这个天分，你顿时就有了用不完的激情、动力和能量，人生焕发出了希望。我用全部身心配出了一杯杯茶，发掘出了我的天赋，肯定了我的人生。

我学习过药草，曾随植物学家赴秘鲁研究热带雨林植物的药用价值，上过芳香疗法培训班，常常梦想成为一名香料商人。我珍爱植物以及植物精油中蕴含的力量。释放了茶叶、花、荚果或花梗的芳香，我仿佛解开了宇宙的秘密。每当我配制出一种新茶，世间好似就没了烦恼、贫困、账单和对未来的恐惧……除了爱，一切都不存在。在趋向完美的路途中，我感觉自己与世界融为了一体。

正如香水能提神醒脑、给人片刻安宁或是唤醒人心中的爱，我深信茶也有这些功效。所以我采用调配香水的方法，糅合基调、中调和后调来配制我的茶。我在茶中滴入不同的精油，调出扑鼻的芳香，我可以品尝到它们的融合，也能想象得到喝茶人的心灵会得到怎样的满足。

我配制的每一种茶都色、香、味、声、触俱全。

色：茶汤应当颜色鲜艳，令人眼前一亮；

香：茶要恰到好处地把握几种基调，令人回味；

味：各种味道应该取得平衡，流连舌尖；

声：茶要有一段美丽的传说。每每捧着一杯茶，它的传说都能激发你丰富的想象；

触：展开的茶叶让你忍不住想摸一摸。

每一种茶料都应意味深长，每一杯茶都应给人一段难忘的经历，让品茶人觉得酣畅淋漓。我希望通过自己配制的茶，与品茶人进行身心交流。

我将开一间吉卜赛茶馆的想法告诉了家人和朋友，他们慷慨解囊，借给我将近 3000 美元。与开茶馆所需的 15 万美元相比，这无异于杯水车薪，但对我来说仍是一笔巨款。我认为这笔钱肯定能让我一展身手。

3000 美元能在奥海购物广场租两个月的门面，或者建一个网站，在网上卖茶，但不等我培养起客户群，两种方案都将耗尽我的本钱。正在犹豫时，我在文图拉市（Ventura）看见了一家由仓库改造的、阳光明媚的寄售商店。商店的装饰和陈列漂亮别致，尽管我一件也买不起，但为了多待一会儿，我东看西看。

趁塞奇在婴儿车里打盹的工夫，我与柜台后的两位女士攀谈起来，她们是店主。

“我想自己创业，”我说，“但要是能做到你们这么完美就好了。”

我向她们介绍了我吉卜赛茶馆构思，她们顿时来了兴致。我描述了异国茶叶的芳香，讲述了每一种茶的风味和功效，并且分享了我配制茶拿铁的方法。她们最后说：“到这儿来发展吧！”她们非常热情，不一会儿，我们就讲定我付一成收入抵房租。没签烦琐的租赁协议，没核查我的信用，不过是几个一见如故的热心人，就让我迈出了实现梦想的第二步。

我慎重地投入了父母、几个弟弟和童年好友借给我的本钱。他们也没有多少盈余，却把辛苦攒的钱交给了我，投资我的创意，他们的信任和好意更加坚定了我的决心。

经一位朋友的帮忙，我找到了一台二手红木复合板咖啡机，又从二手店收罗来一个罩着黄色套子的长沙发，和一张由印第安人手工雕刻的木门改造的矮咖啡桌。大街另一头的一家咖啡馆租约到期，一应用品低价出售。于是我花了不到3000美元，就装备齐了我的茶馆。我退后几步看着它，身为老板的自豪感油然而生。

开业那天，我这个老板早早地就开车出门。我想象着人群在店门外排着长队，等着品尝我不同寻常的吉卜赛茶。我仿佛看到了他们嘴上沾着拿铁泡沫，露出惊喜和满意的微笑。他们冲向咖啡机，想要再来一杯。

塞奇在婴儿座椅上冲我傻笑。

“我们在银行停一下，小男子汉，我们要取钱买牛奶，做我们菜单上的茶拿铁。”

我咧着嘴，三步并作两步地走向自动取款机。一见到账户里只剩 6 美元，我就笑不出来了。这是谁想出来的规矩，自动取款机只能吐 20 美元的？！没有牛奶，我拿什么做茶拿铁？我又跑到营业厅门口，一连拽了几扇门都拽不开——银行还没到开门的时候。

我只好去找能刷卡消费的商店。我必须备齐原料，把生意给做起来。今天可是开业的日子！终于，我找到了一家店。我将一加仑有机牛奶和一小罐蜂蜜放在柜台上，递上信用卡，屏住了呼吸……成交！我的账户如今只剩下 1 美元多一点。

我看着婴儿座椅里的塞奇，他一身绿色灯芯绒连体裤，是那么的迷人，刚长出的几绺头发闪着红色的光泽，绿色的大眼睛闪闪发亮。人家绝对想不到他几个月前刚刚做过一次大手术。他笑呵呵地拍着手，鼓励我努力实现梦想。我们是一个小团队，我们出来卖茶拿铁！

两位店主在咖啡桌上摆了一小瓶鲜花。看到我来，她们又是拥抱，又是鼓励。我把塞奇从婴儿座椅中抱出来，放进婴儿吊篮，动手打开了咖啡机。我将牛奶放进冰箱，摆好那罐蜂蜜，又摆上烤好的甜饼。头天夜里，我亲手做了一批茶袋。我用一个大银碗配好散装茶，分别装进印花茶袋中，又在每个茶袋里塞进一个吉卜赛福签，上面写了玛丽亚奶奶常说的一句话："别犹豫不决，凡事都要投入热情！"我希望借这个机会传达她特有的、鼓舞人心的活力。现在，我把这些茶袋盛在托盘中，它们仿佛一粒粒宝石。

9 点整，店主打开了门。我点着火，开始营业。

我瞥了眼门外，看不见排成一条长龙的顾客，估计是大家还不知道我在这儿。于是我写了几条广告，贴在橱窗上。我等着，困惑又乐观。那天，两位店主各买了 3 杯拿铁。最后结账，第一天的收入是 18 美元。

我意识到我需要推销。第二天，我端着一托盘的香草玫瑰茶拿铁的样品，在沿街的各个商铺里分发。隔壁的发型师把我推荐给了他的客户，没过多久，几位头上戴着加热帽的妇女就出现在我的咖啡机前，买了我的茶。

第三天，我端着榛子肉桂红茶拿铁，跑遍了五个街区的所有店铺。婴儿背带里的塞奇神气十足，我向顾客介绍我新开的茶馆时，他不停地敲着我的脑袋。到了周末，我一天的收入达到了 40 美元。虽然算不上惊天动地，但我如今总算有了足够从自动取款机上取出的账户余额。我虽然近期内拿不出 15 万美元开一间吉卜赛茶馆，但离梦想更近了一步。

## 杯子格言

成功的智慧在于从今天开始。

你具备什么样的天赋，打算如何发掘它？不论你有什么梦想，目前处境如何，都要动手发掘你的天赋。苍天不会辜负顺应天赋做事的人。

我见过一位女模特，她打算转行，自己开一间茶餐厅。她形象健康、引人注目，是一位理想的茶餐厅代言人。我为她高兴，我们经常小聚，一边品茶，一边构思茶餐厅。几个月里，她调查茶源、制订方案、完善自己的构思、设计完美的消费者体验……最终她发现，自己不过是一而再再而三地做着这些准备，却从未动手创业。她心中有一个美好的愿望，却迟迟没有付诸行动。她始终不相信自己拿得出足够的时间或资金，不确定能找到一个好店址。现实与愿望似乎相去甚远，她心灰意冷，只好作罢。

一门心思追求万事俱备，你便无法迈出实现理想的决定性第一步。第一步往往不如你心里想得那样精彩，但迈出去了，便是离梦想近了一步。

将长期目标分解成每天的一小步，你的梦想就有了实现的轨迹。也许你最终得到的回报与最初的梦想有些差距，但它却是真实的。

我喜欢将每天一小步实现梦想比作品茶。你不妨设想天使将你的命运写在了杯底，只等你品完这杯茶揭开谜底。既然是品茶，你就要遵守两条原则：第一，你不能一下子把茶倒出来一看究竟；第二，你要一小口一小口地喝，细细品尝其中的滋味，慢慢接近隐藏其中的真意。

同样，一开始你不知道如何实现自己的目标，但只要每天一小步，享受这段过程，你终将实现目标，得到幸福。

俗话说，所求即所得。如果你寻找你的天分，就会发现自己的天分；如果你寻找展示天分的方法，就会找到展示的途径；如果你一味求败，也会如愿以偿；如果你做一件事总是不成功，决心将问题查个究竟，那么问题自会显现。你打算做点事，做点关系到你或世界的事，即使手头没有任何资源，你也要迈出第一步。成功的智慧在于从今天开始。

不妨设想一年后的今天：如果你迟迟未动，将会是怎样的结果？你会不会为此而后悔？

## 练习：从现在做起

今天是最重要的一天，它充满了希望！通往梦想的第一步令人胆战心惊，但也给人莫大的力量。你也许觉得紧张、无从下手、不知所措，苦恼攫取了你的心智，动摇了你的决心，但在内心深处，你知道自己的人生将更加广阔。只要有了目标或梦想，接下来就是朝它迈进。

找一张纸，写下你今天的情况：

（1）爱情：我____（比如：已婚，未婚，相亲中）。

（2）财产：我的资产价值____（元）。

（3）工作：我目前____（比如：兼职，全职，自己创业，求职中）。

（4）家庭：我家有____口人。

（5）朋友：我结识了许多人，有____位好朋友。

（6）身体：我身材____，体重____。

（7）优势：我精通____，擅长____工作。

（8）精神：我相信____，我通过____实践我的信条。

再写下你心目中以上各个方面的理想状态，要想象一年或几年后，你在这些方面已经达到了理想状态，此刻你有何感受?

（1）我的爱情令人满意，它让生活更美好，因为____。

（2）我目前的资产价值是____元。我的目标是____元，这让我感到____（开心，自由，轻松，害怕）。

（3）我的工作令人满意，因为____。我____，让这个世界变得更美好。

（4）我家庭兴旺，其乐融融，因为____。

（5）我的朋友都说我____（比如：聪明，风趣，热忱）。

（6）我身体健康，因为我____（比如：每天锻炼，一天一杯果汁）。

（7）我如愿以偿，因为我____（比如：不断学习，做自己喜欢的事）。

（8）我精神倍增，因为我____。

现在不妨看一看自己的目标，就当自己已经如愿以偿，再回首你走过的路，想想你“当时”的生活，那时候你希望得到真爱，或是想要谋一个新职业。你怎样迈出第一步，才实现的这个目标？你是如何做到的？

（1）爱情：回首往事，我为了实现爱情梦想迈出的第一步是____（比如：相信自己值得爱；做了头发，换了自己满意的造型；去相亲；请丈夫爱抚我）。

（2）财产：回首往事，我为了实现存款目标迈出的第一步是____（比如：调整了预算，将薪水的10% 存入银行）。

（3）工作：回首往事，我为了实现工作目标迈出的第一步是 _____（比如：跳槽找了一份好工作，为公司写了一份经营方案，为我的创意申请了一个专利）。

（4）家庭：回首往事，我为了实现美满的家庭生活迈出的第一步是 _____（比如：让家人围坐一桌，共进晚餐；不工作到太晚；告诉孩子们我有多爱他们）。

（5）朋友：回首往事，我为了巩固友谊迈出的第一步是 _____（比如：打电话告诉一位朋友她对我的意义；拜访一位神交已久的人，开始了一段友谊；主动提出为同事买午餐）。

（6）身体：回首往事，我为了拥有健康的身体采取的第一步是（比如：遛狗，举 10 次哑铃，参加瑜伽培训班，善待自己）。

（7）愿望：回首往事，我为了实现博学多才这个梦想迈出的第一步是 _____（比如：去听设计演讲，报名参加相应的培训班，加入读书俱乐部）。

（8）精神：回首往事，我为了实现充实的内心生活迈出的第一步是_____（比如：冥想，读书）。

这个练习妙就妙在让你逐渐认识心目中的自己，审视你的起点，继而发挥你的天分，一步步地接近梦想。

不要等到铁变热再去击打，而是通过击打使其变热。

——威廉·巴特勒·叶芝（William Butler Yeats）

论重要，你实现的目标比不上你在实现目标路上成就的人生。

——约翰·沃尔夫冈·冯·歌德

（Johann Wolfgang von Goethe）

05

# 一杯茉莉银针茶

幸好有烦恼

银针茶是最纯正的白茶，仅取极小的嫩芽制成，又鲜又嫩的茶蕾中蕴含着甜美的芬芳。

银针茶产自中国福建高山上成行成片的古茶树。春茶是白茶中的精品。每年三月或四月初，衣着鲜艳的采茶姑娘提着手工制作的芦苇蓝，伴着缓缓升起的旭日，静静地采摘刚刚萌出的、毛茸茸的白茶嫩芽。一缕缕雾气从一片片娇小、晶莹的茶叶上袅袅升腾。

山脚下坐落着茶叶烘房——这里通风良好，人们用小火让洁净的石板地面保持着适宜的干燥度和温度。毛茸茸的茶芽在这里杀青，为的是防止氧化，保持经久纯正的茶香。之后，茶艺师用手将新出锅的茶芽与夜间开放的白茉莉轻柔、小心地拌匀。刚洗过“蒸气浴”的茶芽在炒制过程中吸收了茉莉花的芳香，茶与花成了最佳伴侣。

塞奇长大了许多，我背着他的婴儿背带显得太小。他贪玩，常常在我推着小茶车为客人配制茶拿铁时，敲着我的脑袋自娱自乐，逗得客户哈哈大笑，但这种可爱却不利于我从容地工作。有好几个星期，我满商店地追他，把他从服装柜里拖出来，从顾客身上拽下来。有一次，一位新顾客正向我打听一种香味雅致的配制茶，塞奇吐了我一头。这是一个转折点。我擦着头发上残留的奶渣，意识到我们不得不改变经营模式。

是时候考虑品牌开发了。我虽然喜欢茶，但对品牌开发却一窍不通。我请教了几位业界专家，订了几家大茶商的茶报，给登了广告的商家一一致电。在与印度、中国、非洲和斯里兰卡的茶商的通话中，我问了不知多少愚蠢的问题，但他们的回答让我叹服。我在笔记本上记下茶叶的等级、计量方法、有机种植与传统种植的区别以及拍卖系统是如何运作的，每一个问题答案的种种细节又总是催生出更多的问题。我本是个爱茶之人，如今又爱上了茶的历史和经营。我克服语言障碍，在电话中与新朋友交换各种信息，听茶商们讲关于行情暴跌和全球性茶叶短缺的传闻，以及关于某一类茶叶年份的轶事，就像谈论优质葡萄酒的年份一样。谁也没问我公司的规模，我从业多少年，或者压根儿有没有这么一家公司。我对他们说了我的点子，他们的热情让我觉得自己已经融入了这个令人心驰神往的群体。

一位进口商力劝我，如果我真要从事茶叶这一行的话，就应该好好读一份专业的市场研究报告，他给了我主持编写那份报告的专家布莱恩（Brian）的电话号码。我拨通电话，接线员说："这里是《塞奇报告》，请问你找哪位？""《塞奇报告》？"我不相信地重复道——和我儿子同名！

几天后，我收到了一份手工装订的报告，以及一张"免费咨询一个小时"的凭单。免费正中我的下怀！我拨了电话，这次是布莱恩亲自接的电话。

问到如何开创一个新的茶品系列时，他的回答毫不客气："近十年，进入茶叶市场的新品有成千上万！"他直截了当地说。

这句话令人气馁。为了生计，我要与成千上万家兴许有资源、有门路、有底气、训练有素的公司竞争。不过，一个小时的免费咨询我还没用完，于是我问：“好吧，如果你是我，会怎么办？”

他的回答出乎我的意料：“这世上只有一个你，以你自己的名字为这个公司命名，做一个茶叶界的玛莎·斯图尔特（Martha Stewart，美国“家政女王”，“玛莎·斯图尔特家庭用品公司”创办人。——译者注）。你的名字很酷，很吸引人。相信我吧！想要在一个已经饱和的市场有所成就，就要实实在在地做自己，你会有回报的。”

我摇了摇头：“你说我的名字？”

他很有把握地说：“你的名字，请你认真考虑。你的名字将让你与众不同，成为唯一。”

我挂了电话，陷入沉思。我的名字是我平生的一块心病，谁也念不顺畅，每年开学的第一天，点到我的名字，老师都要停下来，为难地盯着花名册，结结巴巴地念道：“扎西娜·穆……穆佐卡（Zhena Muzyka）？”生来一头卷发和龅牙的我常常在其他孩子的哄笑中缩在座位上不敢出声。

我的名字是按照我姨奶奶泽娜（Zena）的名字取的。我妈妈又随手在中间加了一个“h”，似乎要显得别出心裁一些。她希望我有朝一日与她的偶像雪儿（Cher）一样独一无二。

“泽娜（Zena）”这个名字本来就让人以为我生性古怪，再加一个“h”，更是让人大跌眼镜。

“扎西娜？”

“不，我叫珍娜。”

“席娜……？”

“差不多吧，珍……”

“吉娜……”

“对。”我会说，让我们两人都脱了身。

我何苦要拿这个让我难受的、绕口令似的名字做招牌？明明“吉卜赛茶公司”这样的名字才朗朗上口，令人过目不忘！

尽管有布莱恩的建议，但我还是认为如果人们连名字都不知道怎么念，谁又会在乎它的含义。所以我申请商标时，选择的是“吉卜赛茶公司”，而不是“珍娜吉卜赛茶公司”。

收到美国专利及商标局回信那天，我泡了一杯茶，坐下来，打算郑重其事地拆信。这封信从华盛顿特区发出，不远千里，终于送到了偏远的马蒂利加峡谷（Matilija Canyon）。我呷了一口茶，准备迎接属于自己的商标。

看到“鉴于‘吉卜赛’和‘茶’是两个不受商标注册保护的词，并非独创的名称，因此本局不能授予你‘吉卜赛茶公司’这一商标”，我险些失手打了茶杯——什么？不受商标注册保护！我继承的遗产偏偏不受商标注册保护！吉卜赛茶毕竟是我的妙计，是我想出来的，商标局先生！“你真荒唐！”我想。是的，我简直要给气疯了，气疯了，疯了，着实气疯了……

罗姆人（Roma people），也就是俗称的吉卜赛人，起源于1000年前的印度。他们途经多个国家，不远万里迁徙到了欧洲。他们是国际公民的缩影，是勇敢的流浪民族，唯一不以某一个国家作为故乡，而将全世界看作自己家园的民族。

对我来说，“吉卜赛”这个词意味着奇思妙想和力量。吉卜赛人精通音乐和药理，特立独行。他们是想象力丰富的说书人，是手艺精湛的流浪匠人，是衣着绚丽的弗拉明戈舞者，是神秘的算命人和解茶者。我的祖先当中有人在莫斯科大马戏团做过演员、乐师和驯兽师，我为自己是他们的后裔而自豪。我们家族的许多女人都与玛丽亚奶奶一样，是医者、草药师和算命先生。

我打起精神，重新思考布莱恩的建议。他怎么会晓得“珍娜”这个名字带给我的麻烦，在他眼里，这正好是一个独一无二、令人难忘的名字。

“珍娜吉卜赛茶！”我大声说。

我过去一直想改名，但兴许是该回心转意了。

布莱恩是我的贵人，帮我将“珍娜”这个麻烦的名字变成了一个醒目的招牌。人们为它而来，是因为茶的背后有一个真实的女人，无愧于她的名字和血统。

## 杯子格言

今天没有负担，唯有幸运。

有哪些礼物化装成了包袱出现在你的生活中？比如我——我曾经非常想改名，但到了创业的时候，我的名字却跳出来成了我的福星（谢谢你，妈妈）！要是人生中的每一个负担其实都是一个蒙着薄纱的福运，只等你去揭开它的真实意义，要是每一个难题或包袱其实都是让你一步步前进的动力，你会怎样？

罗莉是我的一位朋友，也是我辅导的一位客户，她的生活很不如意。孩子们离家上了大学，她深陷“空巢焦虑”，不能自拔。单位削减预算，她又丢了工作，只能靠丈夫的薪水供三个孩子上大学。没了工作，她倒是有了充足的时间为钱发愁。

50 岁生日那天，她环顾空荡荡的家，怀念起往年漫漫长夏，她带着孩子们摆摊卖柠檬茶的日子。她突然有了主意——拿她和孩子们的柠檬茶秘方办一家柠檬茶公司！她动手灌装柠檬茶，到奥海的商店和餐馆挨家挨户送样品，并且在宣传页上写下了自己的故事，连她自己都觉得这些事不可思议。

大家（尤其是妈妈们）都能理解她的故事，也都喜欢这种柠檬茶，于是订单纷至沓来。她的“空巢”很快摆满了货物，充满了雇员的欢声笑语，飘荡着柠檬茶的香甜气息。到了夏天，连孩子们也赶回来替她打工。她如今有了一家生意兴隆的公司——罗莉新鲜柠檬茶。

原本，罗莉因为空巢和失业而自怨自艾，但她将失落变成了一件幸事，为自己和别人创造了新的工作机会。她不仅贴补了孩子们的大学学费，等他们毕业以后，公司兴许还能聘用他们。孩子们又回到了她的身边！她虽然工作辛苦，却是我所知的最幸福的一个人。

## 练习：把困境变成机会

这个练习将让你学会将困境变成机会，甚至创造奇迹。想想让你不开心或不堪重负的事，比如让你发愁的体重、账单等。闭上眼睛，审视这些烦恼的每一个细节，看得越仔细越好。如果是一份账单，你可以想想消费了什么；如果工作中对谁有怨言，你可以思考这件事方方面面的影响；如果是体重增加了，你不妨将它具象化，比如想象臀部多了几磅肉。

你要像上生物课一样，在显微镜下观察这个烦恼，然后再问自己以下几个问题：

（1）我有什么烦恼，是真的吗？说出我的烦恼。（比如：我的同事在捣鬼。）

（2）这个烦恼如何影响了我的生活？（比如：她迟迟不肯批准我的项目，害得我失去了订单。）

（3）这给我带来了什么后果？（比如：提成少了。）

（4）我希望得到什么结果？（比如：多一些提成。）

（5）如果这个烦恼妨碍了我在职场成长，我要吸取什么教训？（比如：我要好好与她沟通，讲清楚我要她尽快批复的理由。）

（6）我怎样才能将这个烦恼看作人生的一课，而不是表面上的重负？（比如：我可以帮她加快审批程序。）

（7）这个烦恼给了我什么启示？（比如：我觉得失落是因为我没有与同事沟通好或得到帮助。）

（8）你因祸得了什么福？（比如：掌握了沟通技巧，能多挣一些提成……）

回答了这几个问题，你就能转变对负担的看法，看到福报的一面。你摆脱了身心烦恼，能更清晰地审视烦恼中的真相。这并非一朝一夕的工夫，一旦你拨开了烦恼的面纱，或许能幡然醒悟，离梦想更近一步。

你的人生中有没有曾经一直想改变，现在重新审思，觉得可以转化为福报的事情?

我自嘲的时候，随之释去了心头的重负。

——拉宾德拉纳特·泰戈尔（Rabindranath Tagore）

06

# 一杯有机红茶

## 感恩即力量

今天，我的早餐就是一杯简简单单的混合红茶，由三种 A 级茶配制，用的都是以“公平贸易”的方式从斯里兰卡乌瓦省（Uva Province）、印度南方尼尔吉里山区（Nilgiri Mountains）和中国云南省购进的红茶。我最初只用斯里兰卡红茶，因为那时我只能买得起一箱，而且就用这么一箱茶，我得开发出一个完整的产品系列。

品着今天的早茶，我忍不住回想起刚刚起步时，那一箱斯里兰卡红茶对我的意义——那就是我的整个世界！那茶是一块洁白的画布，任我绘出绚丽的憧憬。茶叶散发着像是葡萄干、烟草花、朗姆酒、干草以及斯里兰卡午后暖雨的混合气息，品起来还有着些许焦糖的味道。

品着这种茶，相信你能品出美好的意境。你会听到孩子们的欢声笑语，他们正光着脚丫，奔跑在被雨水浸透了的山路上玩板球。对于日常喝惯了浓厚的鲜奶和黏糊的原糖浆的人们来说，这种红茶的味道蕴含着无数可能。想让它品性丰富，你得亲手赋予，也许是一勺家乡的土蜂蜜、一撮红糖，甚至是甜奶油，也许还有感恩祷告……总之，它的甜美能叩开你的心门，让你看到美好的未来。我相信，这是一箱承载希望的茶，它能赋予我好运，让我顺利开办公司，甚至会很成功。

UPS（联合包裹速递服务公司）的卡车沿着崎岖的山路一路颠簸，将第一箱茶叶送到了我的小屋。几个月了，我和我的小茶车勤勤恳恳，一分一厘地积攒了一笔微薄的利润，才向一位厚道的斯里兰卡茶商下了订单。茶终于送到了，我三步并作两步地出去迎接送货员。午后的阳光下，茶箱的金属固定条闪闪发光。他将木箱推进客厅，圣诞老人似的，看着我惊喜地大呼小叫。

茶叶袋的标签上写着“有机红茶”，产地是斯里兰卡伊达尔加什纳（Idulgashinna）茶园，一侧还有一小幅画，画着一片碧绿的茶叶，叶片上落着一只瓢虫。“瓢虫预示着好运。”玛丽亚奶奶说过。她戴着大耳环，穿着鲜艳的裙子，围着头巾的形象又浮现在我的眼前。她曾在园子里为我捉过一只瓢虫，教我用手指捻着，告诉我：“珍娜，你向它吹一口气，许个愿，它飞走的时候，你就能实现愿望了。”

这箱茶就是满满一箱愿望，有了这箱茶，我就能以它为底料配制出不同口味的茶品，从一次只能卖出几盎司茶叶发展到能批量销售，从一个茶摊摊主变成一家茶叶公司的老板。这是一个宝箱，许了我和儿子一个美好的未来。我嘴里念念有词地祈祷着掀开箱盖，好似揭开一箱旷世奇宝。

薄薄的巴沙木木箱内盛满了黑红色的茶叶，叶片大小均匀，形状规则，色泽饱满，香气扑鼻。木箱本身散发着浸透了海岛甘霖的泥土芳香，弥漫了我小小的客厅，浸润其中，让我惊叹不已。我似乎能感觉到那些精心采制茶叶的人们的活力，我渴望结识他们，好让他们知道我有多么感激。

在我心中，买了这箱茶叶，茶农和茶艺师之间仿佛就达成了一项精神契约。见到茶叶的兴奋和激动消退后，我连忙拿起电话，向太平洋那一头的茶商一股脑地问道：“他们是什么人？家在哪里？我们付了他们多少钱？他们能拿到手吗？当真是公平买卖？我怎么与他们联系？他们有电子邮箱吗？他们采茶的时候，孩子放哪儿？他们的家什么样？他们知道是谁买了他们的茶吗？他们是否知道自己做的事格外有意义？！”

“珍娜，看得出你是真心实意地想知道。我劝你多卖茶，再多进货，有足够的钱后亲自去看一看那些工人，那样能解答你的一切疑问。我可以给你行业统计数据之类的东西，但你若是真心爱茶、爱这一行，那就亲自去了解茶农和他们的手艺，你会受益匪浅。”

我的心越过了太平洋。对！我要去！有妈妈替我照看塞奇，我可以去会一会炒出这种醉人茶香的人，我要告诉他们，我多么喜欢他们的茶，多么珍惜它。我要请他们到加利福尼亚来旅游，共享圣诞晚餐，塞奇可以和他们的孩子一块儿成长。想象中这个不断发展壮大的国际家庭，激起了我的吉卜赛式的热情。

我不再像个兴奋得撒欢儿的吉娃娃。我坐下来，开始计算我要买多少箱茶，要配制并售出多少一磅一袋的茶袋，才能攒够盘缠。面对计算出来的数字，我瘫倒在小小的办公椅上。除了生活费、进货费、还账，我要卖出 100 多箱茶才能去一趟斯里兰卡的茶园！一箱茶可以配制 77 个茶袋，100 箱，我要卖 7700 袋茶！这个天文数字仿佛兜头一盆凉水，顷刻浇灭了我心中的热情。

不过，我没有因此一蹶不振。我追着每一个肯接我电话的茶叶商，想方设法地打听采茶女的情况，我明白她们和我一样，都希望为自己的孩子创造美好的生活。我品着红茶，闭上眼睛，想象她们的手小心谨慎地摸着每一片茶叶。我不敢辜负采茶女们在茶园里的辛勤劳动，正如她们的活力感染了茶叶，我也要用自己的活力感染它，谨慎细致地用它调制我的茶。我仿佛电影《巧克力情人》（*Like Water for Chocolate*）中的厨师一样，将活力注入我配制的茶，而品茶的人都将受到我热情的感染。

一箱茶意味着一位采茶女要采摘 193600 次。她需要仔细地采摘茶树顶端的两片嫩叶和茶芽，这种精确的动作叫“嫩采”，机器完成不了。她一天的工作量是 8 公斤，约 16000 次嫩采。

在 5000 多英尺高的陡峭山坡上，采茶女腰间围着一块防雨布，免得潮湿的露水弄脏了沙丽。她背着一个大背篓，额头顶着背篓带，背篓越装越满，越来越重。她脚下的小路是 6 个星期前采茶时来来回回踏出来的。她和同伴们采茶、谈心、歌唱，欢声笑语此起彼伏。她们灵巧的双手掠过茶树最嫩、最新鲜、最有灵气的部分，却巧妙地避开了下面老而苦涩的叶片。

一句吉卜赛谚语说得好："开头易，坚持难。"一天夜里，我拖着疲惫的身子回到家清理存货时，望着几乎还没动的茶箱，心情格外沮丧，恨不得把这箱子一扔了之。我的职业突然间显得如此荒诞。那天早上，塞奇发了烧，为了做各项检查，我们在医院奔波了大半天。出了医院，我暂时放下塞奇去卖茶。我知道，那天的医药费肯定不菲。我花了几个小时，费尽口舌劝我名单上的咖啡馆订货，但没有一家同意。为了卖一磅茶，我使出了浑身解数，要卖完那箱茶，似乎遥遥无期。我打起了退堂鼓，准备将茶箱当作茶几。我想，就当给我提个醒吧，提醒我做事虎头蛇尾。

第二天早上天寒地冻。醒来时，我蜷缩着身子搂着塞奇，被子都捂到了我们头顶。一张嘴，我都能看到自己哈出的白气。我替塞奇掖好被子，去生炉子烧水。水在小平底锅上冒泡的时候（我那时候还没有茶壶），我想找一些散装茶，却发现茶罐空空如也。我走向茶箱，用黄油刀撬开盖子，茶香扑面，再一次拥抱了我。我为之一振，顿时觉得不再孤单。

我舀了一勺茶叶，冲入开水。茶叶慢慢舒展，释放出一缕缕清香。小口喝着闪闪发亮的金棕色茶汤，我浑身充满了乐观向上的情绪。我的茶叶商说过："嫩采虽格外烦琐，却能在杯中沏出最优美的茶品；粗采虽然简单，但沏出的茶又苦又涩，茶品生硬。"采茶女们用她们娴熟的指尖给我上了一课。她们每天将同一个动作重复 16000 次，专注茶树顶部的两片嫩叶和芽，不管下面的老叶，为的是奉上这杯香茗。为了转向积极的人生，我必须放下我自己的"老叶"——内心的疑问和顾虑。

我如梦方醒，饮着茶，看着太阳从峡谷的壁仞上掠过。当太阳终于升上山脊，我说："早上好，太阳！"昨天晚上的阴霾顿时烟消云散。

如果采茶女能数十年如一日地采摘茶树的精华，我也要与她们比一比，乐观认真地卖出 7700 袋茶。我闭上眼睛，想象自己的小屋堆着 1000 只空箱子，一直堆到了屋顶。

## 杯子格言

每天早上都是一次重生。

成功人士都有一套“永远乐观向上”的窍门。他们追寻阳光，寻求解决办法，相信人生是有益的奋斗，相信失败是成长的机会。他们收获人生最美好的一面，将苦涩的一面作为养分。他们盯着一线希望，一心一意、坚持不懈地追寻。

佛说：“每天早晨都是一次重生，关键在于我们今天做什么。”每天早上醒来，要度过美好的一天还是难熬的一天，都由你自己决定。你是愿意充满积极向上的正能量，还是愿意让负能量烦扰着你，对它听之任之？醒来就开开心心并不是理所当然的事情。我们不主动播撒希望，人与生俱来的种种痛苦恐怕就要摧毁我们生而为人的价值。

所以，你要运用自己的知识，用心做事，充满激情，乐观向上，那么，你就掌控了这一天，而不是被这一天所掌控。你要做个有心人，对每一件小事都心存感激：你如何醒来、呼吸、准备午餐、送孩子上学、穿衣打扮、服维生素、为别人开门……感恩是一种活力，是培养你持之以恒地“积极向上”的能力。

当初收到第一箱茶的时候，我走投无路，千方百计地用那点茶叶为我和生病的儿子换来焕然一新的生活。我一贫如洗，每天凭着美好的愿望，努力地实现自己的梦想，而不是由着失败让自己畏首畏尾，放弃梦想。我将悲观和辛酸化作动力，这么做最初是为了救塞奇，但在这个过程中，我也完成了自我救赎。

每天清晨，我捧起玛丽亚奶奶的茶杯，喝一口醇厚的有机红茶，心里都会充满希望。

## 练习：保持乐观

我的一位导师常说："你关注的事物才能茁壮成长。"当你把注意力放在事情积极向上的方面，正能量就会成倍增加。改变人生的诀窍在于，想象自己已经实现了一生的心愿，美梦成真的愉悦将一扫你心头的阴霾。采茶女的经验再简单不过：一天不落地去茶园嫩采，心无旁骛，眼睛看到的是老叶上清楚露出的茶芽和两片嫩叶。

每天早晨品茶的时候，不妨练习如何将注意力放在自己的"两片嫩叶和茶芽"上。我会感谢自己手中的热茶，感谢即将开始的新的一天，感谢自己和家人身体健康。如果我仍然心绪难平，忍不住为入不敷出、未解的谜团、心头的憾事以及匆匆流逝的岁月烦恼，那么，我就再深吸一口茶香，对凡是能想到的东西都道一声"谢谢"。要不了多久，苦涩的消极情绪就会退居幕后，我登上舞台，出演一幕新戏。

转身面向太阳，影子就落到了你的身后。

——毛利人格言

一杯茶里，饱含着多少诗情画意和美好情愫啊。

——拉尔夫・瓦尔多・爱默生

（Ralph Waldo Emerson）

07

# 一杯爱心玫瑰茶

## 不改初心

玫瑰是百花之王。我的祖母在她的大花园里种了一排排的玫瑰，然后采下粉红的花瓣做果酱。我小时候，她还做过糖水炖花蕾，一小勺一小勺地喂我。童年关于玫瑰的甜蜜记忆给了我灵感，我将浪漫的玫瑰精油和玫瑰花瓣精华融入了有机红茶，调出融合了勃艮第葡萄酒、乌梅、几缕野火青烟，以及海风中晾干的鲜玫瑰花蕾的风味。

玫瑰茶香醇、浓郁，多次冲泡也滋味不减。我调配了一款适合冲饮的吉卜赛爱心玫瑰茶。配制玫瑰茶非常简单，只要将刚采摘的新鲜红茶和玫瑰花瓣一起，慢慢烘 24 个小时，用玫瑰给红茶添香增味就可以。茶叶我用了印度南部和斯里兰卡产的红茶与少许中国云南黄金芽配制。云南至今仍是一片圣地，空气清新，茶农提着手工编的竹篮，在通红的松木炭火上轻轻地翻炒带着些许烟火味的茶叶。玫瑰我选了自家园子里种的，再辅以希腊产的鲜香浓郁的玫瑰花蕾。这款配制茶只有这四种配料，其中玫瑰的品质最重要，要选择香浓的绿色有机产品。有机茶在当时还只是一个新概念，却是我从一开始就秉持的核心理念。

进入事业发展的第二个阶段，我将茶车卖了，专注配制茶叶，销售给咖啡馆和餐馆。我从一位天使般的女士手中转包了奥海一间200平方英尺的零售店，这家店专为诺德斯特姆（Nordstrom）和内曼·马库斯（Neiman Marcus）等高档百货商场制作精美的冷冻干燥插花。在我的茶铺和她的花店中，我们营造了一种混合着花瓣、草药和香料的醉人芳香。塞奇开心地在我脚下的几块小地毯上爬来爬去，我配制着小包的样品，做起了批发业务。

我背着塞奇，在咖啡馆、餐馆、冷饮厅和宾馆挨家挨户地送样品。当时的主厨和店主们多半不懂如何冲泡这种手工散装茶，所以推广起来很有趣。纯红茶和绿茶人们都熟悉，这种沁人心脾的玫瑰红茶却让人耳目一新，渐渐受到了主厨和店主们的青睐。

我一边听着吉卜赛音乐，一边将刚晒干的玫瑰花瓣拌入茶叶。空气中飘荡的玫瑰花香让我愈发不敢奢望爱情。

我将心中的情愫融入玫瑰茶里，准备在我的第一次吉卜赛茶会上用。举办茶会从一开始就是我的创业梦想，一早就在我计划之中。我的朋友梅格答应把她画廊后面的场地提供给我，教我肚皮舞的一位舞团班主答应来献舞，还有几位看手相、算卦和读茶算命的人也答应过来。

我刚刚去镇上贴完小广告，珠宝设计师、音乐家、舞蹈团、画家、雕塑家，甚至一位能吞下一把剑的喷火表演艺人陆续来电，希望参加我的吉卜赛茶会。茶会如期举行，到场的有两百多人，他们品茶、买茶、跳舞、看手相、购买艺术品和首饰，追问下一次茶会的日期……我的配制茶非常轰动，茶会结束后，订单纷至沓来，其中吉卜赛爱心玫瑰茶成了当时的畅销品。

我拉到一位投资人，这恰恰是我扩展生意所需要的，他又拉来了另外两位投资人。我的批发生意不断壮大，参加过茶会的客人纷纷订货。我鼓足干劲，加紧生产。我那一小丛玫瑰已经满足不了众多的订单，于是我上网扫货，希望以合理的价格购买有机玫瑰和玫瑰精油，谁知却一头撞上了南墙——网上的价格高得离谱，光是买这些原料就会耗尽我的积蓄。如果吉卜赛爱心玫瑰茶不大幅度提价，恐怕无利可图。可是，我的客户愿不愿意为它花大价钱呢?

我请教我的投资人该如何应对价格高昂的玫瑰花瓣，却第二次撞了南墙——不出所料，他建议我采用非有机玫瑰，降低成本。

我的心一沉。

“你瞧，我做过调查，”他说，“有机玫瑰花蕾的成本是非有机花蕾的六倍，你的玫瑰精油的成本高出人造香精的二十倍！只要是茶，本身就是有机产品。我是说，只要是种出来的，都是有机的，对么？”

他的话本质上没错。他劝我不要心存执念，放聪明些才是。即使心中一百个不乐意，但我还是订了一箱常规种植的茶叶和玫瑰，以及人造玫瑰精油。

茶送到了。我望着箱子，围着它转了几圈，却感觉不到以往的兴奋，它没法点燃我心中的点点火花。想象那些采茶女在快乐和健康的环境中采摘好茶，我能与她们心灵相通，与她们一起将上好的茶叶推向市场。相比之下，这种普通茶随处有售，我不知道这是谁种的，出自谁家的茶园，箱子上没有品名，成本不到有机茶的四分之一，也就是说我可以“低价买进，高价卖出”——这是每一个商人的梦想，不是么？

人造玫瑰香精和非有机玫瑰也陆续到了。出人意料的是，我竟分不出人造和天然、有机和非有机香味的区别！我要挣钱，但我对茶的情感投入和自己的是非观却越来越强烈，搅得我不得安宁。我从不买非有机食品，那我凭什么要卖非有机茶？但反过来想，当初谁都可以不经美国农业部的批准，在标签上标注“有机”二字，这么说，有机其实根本当不得真？我从前订购的那些有机茶叶和玫瑰，除了似乎有利于遥远的斯里兰卡、希腊和保加利亚的环境外，我说不清为什么自己要付出那么多。我心头愁云重重，心乱如麻。

我一遍遍地检查非有机茶上的编码，茶没有什么异样，钱也不会少赚，但我对优质玫瑰茶仍然心怀执念。这杯茶毕竟叫作“吉卜赛爱心茶”，不是什么“吉卜赛利润茶”。但这不仅关系到我，也关系到我的投资人，如果我们之间产生不和，恐怕我就做不成生意了，我必须采取行动。

我分别配了一批有机玫瑰茶和普通玫瑰茶，送到精品茶研究院（Specialty Tea Institute），想要验证一下天然有机茶和人造非有机茶究竟有没有区别。我采取盲品的方式，让研究院的学员辨别哪一种是有机茶。出人意料的是，收回来的问卷错误率高达50%，为人造茶口味叫好的评论竟然还略胜一筹。

在研究院的盥洗室里，我仔细打量着镜中的自己。证据确凿，我可以降低成本，谁也尝不出其中的差别。我虽然在茶叶上倾注深情，但并没有得失心疯。我太过于执着天然有机原料，但如今事实证明我是错的。

这时，刚刚参与过盲品的一位学员走了进来。看见我，她停住了脚步。她是一位食品科学家，也是盲品时最用心的学员。

“你是被验证结果搞懵了吧？”她突然问了一句。

我自我解嘲说：“我是指望验证天然有机茶有明显优势的，谁知却搬石头砸了自己的脚。”

“我在一家香料公司配制天然有机香料和人造香料，”她说，“如果你想听我的意见，那么告诉你吧，这二者有区别，区别虽然微妙，但很关键。”

我的心不觉为之一振：“什么区别？”

“阳光，”她说，“人造香料也许‘等同天然’，但绝不是真正的天然。这种香料在烧杯中勾兑，再辅以荧光灯照射，而不是阳光。很多人也许分辨不出其中的区别，但我们了解内情的人最清楚。你的业务越做越大，了解太阳味道的人也将越来越多，大家终究会明白什么才是最好的。”

我谢过她，匆匆赶回店里。那个周末，我告诉投资人，哪怕利润再高，我也不能卖非有机茶。他与另外几位投资人碰了面，一致决定抛售手上的股份。事已至此，我不知道该何去何从。我觉得自己众叛亲离、愚不可及。没有了投资，公司的资金都不够维持铺面和展销的开支，更不要说给唯一的雇员——我，支付那笔赖以谋生的微薄薪水。事到如今，恐怕我只能关门大吉。

我给以前的邻居艾娃去了电话，从她为我端来扁豆汤那天起，我们就成了好朋友。后来她搬到夏威夷，在科纳咖啡农场做兼职，不过我们仍时有联系。

“他说这不是一项好生意……”我憋了一肚子委屈。

“他是一位优秀的商人，”她说，“不过，亲爱的，你是在开展一种新业务。我在夏威夷的种植园见识了杀虫剂的危害，但大多数人并没在农场待过，他们明白不了农药的危害胜过害虫。”

“艾娃，我不知道如何是好。”

“你干吗不找我呢？”

“找你！”我尖叫了一声。

不到一个月，艾娃就从夏威夷飞了回来。她见了我的投资人，提出收购他们的股份。她的投入使我们的公司再也不会被别人左右。如今我们不再为钱发愁，能坚守自己的使命，全身心地投入有机茶事业。

我将那箱非有机茶、几袋普通玫瑰和那一小罐人造玫瑰精油放在店铺的中间，遇到难以定夺的事情时，这段经历提醒我不改初心。

### 杯子格言

**数据虽能说明过去，但心的触动才能告诉我们未来。**

你的理智说：“你品尝不了太阳！”但你的心却懂得它的味道。我对自己的茶不计报酬地付出证明了这一点。

吉卜赛爱心玫瑰茶风波过去的许多年后，我在一届全球改变思维论坛上拜会了经济学家黑兹尔·亨德森（Hazel Henderson），她提出了“爱心经济”的概念，也就是用爱，而不是用利润衡量我们每天的所作所为。任何一种 GDP 计算方法都不会把爱心计算在内，爱心是不计报酬，每天从心底交换的价值观。你可以栽树种花，帮朋友搬家，走出离婚的阴影，关爱动物，帮邻居提杂货，教小侄儿认识时间，教育子女，给朋友一句暖暖的问候，为别人沏茶做饭……你发自内心所做的一切都是爱心经济，这种经济让“金钱动物”费解。

我相信投资爱心有着丰厚的回报。许多人见钱眼开，原因在于他们不懂或不相信爱心的投资回报率，因为在财务报表中看不到这一项。商人只盯着盈亏数字的时候，他们做出的决定必然是目光短浅的，他们的模式中容不下收益最高的爱心。

爱心结出的硕果，远远超过你的付出。爱心可将一项成果迅速转化成一种感受，而商家烙在产品上的心意只能靠人们对产品或服务的感受去衡量。我经常半开玩笑地对客人说：“我出售爱心和希望——哦，随茶奉送，不收钱！”

你不能因为报表衡量不了爱心，就当它不存在或没有价值。一项产品给予我们的感受包含了生产者的爱心、意识和做事的态度，这些正是产品的最终价值。许多倾注了心血的企业后继乏力，原因就在于他们忽视了爱心，让“合适的判断”占了上风。他们换下创始人，请来经理人，两眼只盯着报表，不顾一切地追逐利润，直至良知丧失殆尽。钞票取代了感情，数据取代了魔力，追逐利润扼杀了希望。一家企业一旦丢弃了爱心，也就丧失了活力，因为利润、数据和经济趋势给不了爱心，只有人才能付出爱心。数据虽能说明过去，但心的触动才能告诉我们未来。

我的朋友丽莎是一位动物按摩师，她极其爱狗狗。每次来我家，我的小狗威洛都会缠着她撒欢儿——世上的狗儿都是这副德行。几年前，丽莎的狗狗琼的背部受了伤，苦不堪言。她见不得琼受罪，于是发明了一件带按摩器的背带。没过多久，琼又能到处撒欢儿了。丽莎如今将这种背带卖到了世界各地，狗主人们对她的产品好评不断。

丽莎说：“我可不想成天坐在电脑前，把时间都白白浪费了，我要把爱心缝进每一件硬邦邦的背带里。”我问她是怎么做到的，她略显羞涩地说：“我会一边做背带，一边揉入薰衣草精油，心里想着穿上它的狗会健康快乐。我一般都请客户随订单附一张小狗的照片，这样我就能想象得出它无忧无虑地奔跑玩耍的模样。”她接着又说：“我还在店里播放疗伤音乐，为每一件背带注入舒缓的旋律。你不会以为我疯了吧？不会认为我这是耽误做生意吧？”

“不耽误，”我说，“肯定不耽误，你把时间用在了刀刃上，这对你的生意再好不过了。”

我要用全身心的爱迎接这一天，因为这是成功最大的秘密。武力能劈开盾牌，甚至能毁灭生命，但唯有看不见的爱才能开启人的心扉。掌握爱的艺术之前，我不过是一介无名小卒。我要将爱当作强大的武器，所向无敌……我的爱好比太阳的光芒融化冰封的土壤，能温暖世间的人心。

——奥格·曼狄诺(Og Mandino)

做事的时候，要么不做，要做就要心怀爱意。

——圣雄甘地（Mahatma Gandhi）

08

# 一杯蜜桃生姜茶

## 接纳局限

我的蜜桃生姜茶口味浓烈，选取斯里兰卡的高山锡兰红茶，再将金黄的有机鲜桃以文火熬成浓厚、地道的果酱，尝一口，唇齿留香。

我希望我的茶博采众长：有着芳香疗法的迷人魅力；同时巧妙地结合草药，增加人的活力；再辅以令人心醉神迷的香料……我翻出我的芳香疗法和草药课本，参考书中的创意，开发出一系列新茶。我在一本橙色丝绸封面的笔记本上分门别类地记下了配方，又给这本笔记起了个好听的名字——梦语。

我立志只配制有机茶。收到了那次吉卜赛茶会如潮的好评后，现在是时候将产品拓展到正统茶系以外了。市场上没有一家茶叶公司出售我这样新颖有趣的有机茶。

可当我将这些创意付诸实践时，却又一次碰到了障碍——

当时的有机调味品还没有太多种口味，无法满足我的需求。我配不出有黄桃馅饼和秘制香草豆冰激凌味道的茶，我的可可茉莉花茶同样难以实现，它应该散发着扑鼻的可可香与醉人的茉莉花香，实际上却只有红茶的香味，其他香味在配制和包装的过程中损失殆尽。我也无处买到有机黑比诺葡萄干和桑娇维塞葡萄，无法配出我想要的葡萄佳酿口味的茶。

面对一连串的挫折，我消沉了好一阵，最终意识到，如果不秉持明确、积极的心态去拓展新品，我恐怕将一事无成。我打电话给调料公司，得到的答复却仿佛兜头一盆凉水。他们告诉我"这种调料只按桶卖"，"那种调料四个月前就断了货"，"那种调料因为没有利润，早已停产"……我请他们为我定做，对方却说除非我买数万美元的货，否则收不回研发成本。

"有机产品才刚刚起步，"这位调料公司供货商告诉我，"人们接受起来还需要一段时间。现在这方面的需求较小，所以我们无法确定是否值得投入。"

我强打精神，回到店里。我的店里有玫瑰、玫瑰精油、柠檬香桃、洋甘草、三种绿茶（煎茶、茉莉花茶和熙春茶）、四种红茶（大吉岭、阿萨姆、尼尔吉里和锡兰）和路易波士等十来种茶料。我必须谨守我的有机标准，尤其是在我已经不惜代价地捍卫了这一标准之后。我抬头望着墙上的字——珍娜吉卜赛茶，着实令人心烦。

等等，珍娜吉卜赛茶！玛丽亚奶奶传授给我茶知识的同时，也将吉卜赛人的精神传给了我。吉卜赛人曾经身处囫囵却心怀远方，吉卜赛神通广大的主妇们能翻着花样将家里仅有的几样食材做成可口的美食、佳酿甚至灵丹妙药！如果我能发扬玛丽亚奶奶和吉卜赛祖先传下来的热情和才智，何愁开创不出一个茶系，甚至转变大众的观念，让大家爱上天然口味的有机茶呢？

我关了店门，驱车回到家，把厨房翻了一个底朝天。配茶的材料我有的是！我搜肠刮肚地回忆自己配过的茶，有一种是为了治疗一位朋友的慢性疲劳综合征，用的是薰衣草花瓣、薰衣草精油和洋甘草，结果泡出了醉人的粉红色甘露，散发着法国香水的芳香，帮她恢复了身心健康。

对，薰衣草精油！

我卧室的一个彩绘漆盘上整齐地放着一排香料。我配制这些香料是为了养神，另外配制的过程本身也是一种疗法，但我之前从没想过将它们与开发新茶品相结合。丁香、茉莉、柠檬、生姜、肉桂……我跑到园子里，想看看还有什么。

桃树嗔怪地瞧着我——累累的果实压弯了它的树枝。我一天到晚忙着找香料，却顾不上摘桃子。我用裙子兜了一兜香喷喷、毛茸茸的桃子，跑回家的路上，又看见一丛丛低矮的巧克力薄荷——在这之前，我一直认为它们是疯长的侵入型公害。哦，还有柠檬树和橙子树！“我待会儿再回来找你们！”想着陈皮可做哪些茶品，我扭头喊了一声。

我在冰箱最后一格翻出了一块拇指形状的、干瘪的生姜。太好了，已经风干了！我迫不及待地要做蜜桃生姜茶。

这是我配制香料的第一大突破。我用食品脱水机将桃块脱了水，桃干格外有嚼劲。我将桃干切成片，放入用锡兰红茶和印度橙黄白毫配制的鲜红茶汤中。简单的几种配料糅合出不可思议的香味。

这次成功再次点燃了我的希望，想象力开始加班加点地运转。忽然间，激动人心的食材随处可见，配制茶的创意让我大半夜都睡不着觉。

接下来的几个月，我泡在厨房里，对着天平、滴管、专业的品茶瓷杯和配方笔记忙个不停，记录了几百种有潜力的组合。在研究的过程中我发现，我的秘制精油大多能被人体少量吸收，有益于健康。更重要的是，比起香料，精油更加香气袭人，但又不干扰茶的口感。茶客能闻到精油的芳香，同时也能品出茶的醇美。芳香精油改变了风味茶的模式。

在一次次的失败和改进中，我总结出一些可应用到新品中的配方，并且命名了几味茶品："吉卜赛梦幻茶"是丁香风味的煎茶；"吉卜赛冥想茶"是配了山楂和接骨木的、有香草味和檀香味的红茶；"吉卜赛之王"是有着松木烟火味的马黛茶搭配小豆蔻和薄荷味的阿萨姆红茶；"吉卜赛情人"是添加了香草精和生姜末的、改良版的吉卜赛爱心茶；"吉卜赛下午茶"是有着火辣辣的肉桂油风味，添加了陈皮和巧克力碎的大吉岭红茶；"吉卜赛风味"提神醒脑，是路易波士佐以柠檬皮和薰衣草，再滴上一滴鼠尾草精油提味。这道茶是塞奇的最爱，整天捧着小鸭嘴杯喝。

我充分开发现有的材料，不再一门心思琢磨那些没有的。通过对几种简单配料的精心搭配，我独创了一个具有疗愈功效、特色鲜明、完全无公害的茶系，其中包括 30 多种配制茶。我发现自己足智多谋，对自己信心百倍。

近些年来，顾客对有机产品的需求与日俱增，有机产品货源越来越充足，价格也越来越低廉。茶农逐渐改种无公害茶叶，新技术将不含丙二醇或其他有毒物质残留的、散发着水果芳香的有机茶送进了千家万户。不过回想当初，正是有限的原料和对标准的坚持拓展了我的思路，让我大显身手。我才艺渐长，生意也越做越兴隆，在一个业已饱和的市场为自己开辟出一片立足之地。我坚信自己与茶的渊源，固守吉卜赛传统，依赖真挚的友情，坚持一心为别人健康着想的理念，因此，最初的茶系别出心裁，独具个性，开创了一个新流派，也确定了以后配制茶的发展方向。

## 杯子格言

一旦你学会了另辟蹊径，制约随之消失。

制约就如同辅助轮，让你早日学会骑车，又免得你摔跤。人们喜多患少，但选择太多却削弱了想象力。伟大的灵感往往出于各种限制：资金不足、标准太高或看上去无路可走。困难迫使你进一步挖掘深藏的潜力，让你珍惜现在的拥有，进而培养你寻找机会的眼光。

制约是你逐梦路上的护栏，免得你全力以赴的时候冲下悬崖。制约也发挥了你的创造力，帮你找准定位，明确自己的人生目标，助你成为某一行的佼佼者。你不必为条件有限而伤透脑筋，要仔细观察，发现隐藏其中的灵感，它们往往是潜力递上的名片，要我们充分发挥自己的聪明才智！

我的朋友苏珊创办了一家火爆的家装网站——One Kings Lane。虽说大多数购物网站销售的产品五花八门，如服装、鞋子、儿童玩具、食品、旅游产品等，但苏珊和她的团队却坚守居家用品——通过这个有意识的、战略性的制约，限制自己的商品，找准定位，发挥专长，树立一个明确、简洁的市场品牌，向世人明确自己的承诺。结果，他们取得了空前的成功——每年的销售额高达数亿美元。

苏珊到世界各地收集手工艺品和装饰品，在这个过程中，她发现独一无二的单品或限量版商品能鼓动顾客迅速出手，毫不犹豫地购买。虽说限量销售是品牌和营销专家的权威建议，但自觉执行这一策略的公司却寥寥无几。

制约鼓励我们发挥聪明才智。将微博限制在 140 字以内，是让你字斟句酌；设定预算，是要你将每一分钱花在刀刃上；计算卡路里，是要将每一个大卡都做成美味；装修一间小屋，是充分发挥你的想象，在有限的空间内尽情地创造美。

制约来了又去，算不得什么，用不着害怕。我曾打算聘请纽约一家优秀的大品牌推广公司帮我出谋划策，让我的品牌在全球无数的茶叶公司中脱颖而出，但想想自己的预算，却只能望洋兴叹。后来我决定依靠亲朋好友推广品牌，我们欢聚一堂，品着各种各样的配制茶，写下品茶时想到的词句，结果一面墙从上到下贴满了便笺，用诗一般的语言介绍我们的产品、包装以及其中蕴含的真谛，这些文字最后成了我们的宣传语、产品目录、展览文案等。最终我们赢得了《品牌周刊》（*Brandweek*）等杂志的品牌推广和设计奖。我没有花 15000 美元，再到纽约去找推广公司开会，相反，我仅仅拿出 5 罐茶叶、几瓶红酒和一个比萨，总共花了 55 美元。

好奇地探究自己的制约，就像是游客拿着一幅指引方向的地图。你在哪里受到了制约？你是否正在抱怨、迷茫、踌躇不前？我们都遇到过类似的情况，但事实一再告诉我们，人人都面临着制约，发掘其中的宝藏才是我们迫在眉睫的任务。正视眼前的制约，你才能认识自己最珍贵的才智。

请接纳自己的局限：伸出手指去感受它们，迈开大步去超越它们，拼尽全力与它们周旋。局限让你接近梦想，每一项制约反而成就了你举世无双的本领。

以下是我陷入困境时做的几个小练习。

## 练习：了解不足，创造机会

在这个练习中，你将一心了解自己所长，不再对自己的局限耿耿于怀。你将局限当作灵感的起点，拓展你尚且未知的生意、工作或友情，这是变眼下的匮乏为将来的充裕的一个大好时机。

我曾经因为没钱印刷精美的宣传册，只好自己制作名片。我望着打印出来的小小的模板，不知道如何将这个承载信息的小纸片变成营销机器。后来我有了一个主意，我提笔在一张名片上写下我们的产品和公司所代表的积极、深远的意义，以及我们立志要表现的特色。我写道：卓越、公平买卖、有机、自然、健康、环保、社会责任、幸福、整体理念、质量、管理、纯手工、工艺、非凡、原创、纯正、巧妙的配制、严格的标准、坚持原则、富足、荣誉、华丽、热情、纯粹、尽心尽力……我将这些豪言壮语一股脑儿地写在这张小小的商业名片背面。

我们是一家小企业，但我递上名片，人家却能看出我们要做一番大事业的决心。这张两英寸的纸片是实现我们最大利益的一块敲门砖，每次递上名片，都是在告诉对方我们的价值。

你不妨针对目前面临的困境，试一试这种方法：

（1）拿一支笔、一张纸（或日记）和一个计时器，找一个安静的地方坐下。

（2）摆一个舒适的姿势，缓慢地做几个腹式深呼吸。这样能集中精力，激发创造力。

（3）写下一个你要应对的制约。

（4）将计时器定到 3 分钟。写下这个制约有助于你发展的一切积极特质。想一想它如何培养你的新技能，开发你性格中积极的一面，或激励你想到更多创造性的解决办法。你要不停笔地写 3 分钟。

（5）时间到，停下笔，再看一看这份表。

当你再一次面临这个制约的时候，不妨再看一遍自己写下的这份清单，给自己敲个警钟，换个视角。当你回顾自己在困境中前行的经历时，就会发现制约早已渐行渐远。

你深受某个宏伟目标、非凡事业鼓舞的时候，就会打破思维的禁锢，从而发现自己置身一个伟大、神奇的新世界。蛰伏的精力、能力和才干焕发出生机，你发现自己成了一个比梦想中的自己更加了不起的人。

——瑜伽奠基者，《瑜伽经》作者帕坦伽利（Patanjali）

你的局限成就你的声音。

——诺拉·琼斯（Norah Jones）

09

# 一杯格雷伯爵茶

## 集思广益

在印度南方的尼尔吉里山脉和斯里兰卡腹地的高原上，茶树仿佛飘浮在哈普特莱（Haputale）野生动物保护区的上空。“覆盆子格雷伯爵茶”恰到好处地将传统的格雷伯爵茶和新鲜的覆盆子元素，以及代表可持续发展的、经过公平贸易认证的有机红茶融为一体。

这种茶虽然备受好评，但当初设计它却并非出自我的创意。

你也许了解那种感觉——创业的时候就像怀孕的时候一样，大家都喜欢主动告诉你应该这么做，不能那么做。但是当你被压得喘不过气来时，你会连最善意的意见都听不进去。覆盆子格雷伯爵茶诞生之前，我正因为产品销量大涨而累得要命。我一边忙着照料塞奇，一边忙业务，几乎没工夫考虑产品反馈，也没力气去听别人的意见。我难得睡个好觉，脑子里成天盘算着下一步怎么走。

我配制了一款新的芳香保健茶，打算将它推销出去。于是我在奥海各个人口集中的地方摆摊设点，举办品尝会和吉卜赛茶会。一个节日庆典上，我甚至拖着一大壶热茶，去向深夜狂欢和露营的人们兜售。

我报名参加各种活动，交纳场地费，带着我的小桌、丝绸台布、海报和前天晚上亲手包好的茶袋早早到场。我给每个茶袋拴一个禾草蝴蝶结，在公司名称下的空白处写上茶的品名。我又在小纸条上写下玛丽亚奶奶的吉卜赛格言，塞进茶袋。

绝大多数时间里，我要带着一岁的塞奇抛头露面。这个年龄的他就像个小号的定时炸弹，所以在他要换尿布、吃奶、不肯待在背袋里、发脾气、揪我的头发和拽我的耳环前，我不得不拼命地卖卖卖。

妈妈有空替我照料塞奇的时候，我会去本地一家久负盛名的温泉疗养地举办品茶会。全国各地的女性都喜欢去那里减肥、塑身。由于我的茶不含卡路里，在那里介绍给大家似乎再合适不过。获准在那儿出摊可不容易，我足足准备了一周，为的是给那里的女性顾客们最好的体验。我希望她们喜欢我的茶，多买一些，照顾我的生意。

我为大约三十名女士斟上茶，大肆介绍各种茶叶，普及天然有机和人工风味的区别，形容精油搭配茶叶的韵味，将异国的茶园描述成一幅浪漫的画卷，分享我所理解的公平交易及其对茶农的积极意义。正当我滔滔不绝、自以为是地介绍我的新品芳香理疗茶的各种口感细节时，一位女士举手打断了我。

“这种茶和红茶有什么区别吗？”她问道。

这一问让我始料不及。我答道：“我只采购有机茶，只采用获得有机认证的精油。我的配方非同寻常，独此一家，茶的名字体现了我对吉卜赛祖母的精神传承。”我还想说：“我的公司虽然没有价值5亿，但我开辟了一条做生意的新门路。”

“是的，”她说着，耸了耸肩，“任你怎么说，我都不会放下红茶，改喝你的茶，实在太复杂了。”她望了其他女士一眼，她们纷纷点头。我顿时泄了气。之前的研究、写作、排练和准备都没料到这一招。我陷入了被动，但我明白，被动不利于销售，所以我深吸一口气，堆起笑脸听她说。

“你不妨采用简单、老式的茶，再添些新意，比如混合酒什么的。”她说。

前一天晚上，我睡了一个好觉，所以此刻对她的建议，我还算是能欣然接受。我问：“什么样的混合酒？”

“比如在格雷伯爵茶里放些浆果什么的，覆盆子就行，既惹人喜爱，对我这样的老姑娘来说也似曾相识。”她坐回了椅子，其他妇女纷纷点头。

“谢谢你，”我说，“我会考虑的。”我得体地回答。所幸时间很快过去，我结束了演讲，没再生出什么枝节。

女士们围上前来观看那些系着蝴蝶结的、花样百出的小茶袋。但“吉卜赛幻想”“吉卜赛午后”和“吉卜赛情人”等茶名似乎让她们一头雾水。我一一介绍了每一种配制茶的风味、特性和不同精油的功效，可惜最后，我仅仅卖出了一两袋。也许是这些女士不爱跟风，不喜欢晦涩难懂的吉卜赛名字，不了解我的故事和古怪念头。她们来自全国各州，会去各地的零售店买茶。我咬着嘴唇，深切体会到我的茶仅囿于情投意合的好友圈子，或奥海这个小地方。一阵惶恐淹没了我。

提出在茶中添加覆盆子的那位女士走了过来，对着我的耳朵小声说：“你瞧，如果你有覆盆子格雷伯爵茶，我敢说她们个个都会买。”

我点了点头，不禁暗自神伤。我一肚子恼火，心中暗想：“我辛辛苦苦，又拖着一个蹒跚学步的孩子，希望凭一己之力创办一家茶叶公司，愁得夜不成寐。她又何必在伤口上撒盐呢？”

但我环顾这些女士，发现她们多半和我母亲一般年纪，甚至更加年迈，我意识到她们之中许多人与茶有着非比寻常的缘分，那时候也许只有立顿红茶，甚至还没有。这位女士的见解让我受益匪浅，为我开辟了一个全新的客户群，这是我单凭一己之力无法企及的。

我拍了拍她的胳膊：“谢谢你提的意见，太妙了，我一回去就试试看。”

她笑了：“你瞧，我这大半辈子的生活和生意告诉我，只有集思广益，才能成就大业。”

我一边把海报和样品装箱，一边想着配制那种口味的方法、配比，以及释放这种亦酸亦甜风味所用的基茶。

回到家，我翻箱倒柜，找出一小瓶西西里佛手柑精油，然后又去绿色食品商店买来一袋冻干覆盆子，开始动手调制精油、浆果和红茶。茶香改变了我的心境，振作了我的精神。精油在茶叶和浆果上风干的过程中，我一再跑进厨房去嗅，香味一次好过一次。

接下来的一次品茶会上，覆盆子格雷伯爵茶大获成功。不必我多费口舌向人家介绍，光凭这个名字就打开了销路，水到渠成，毫不费力。

## 杯子格言

把梦想翻译成别人能懂的语言。

梦想和创意萌生于我们的心中，源于我们的兴致。我们希望将它介绍给世人，让它成真。在这个物质世界里，为了让美梦成真，我们要将它翻译成别人能懂的语言，这就需要集思广益。

你如何对待别人的意见？爱听，还是不爱听？还是为了息事宁人，忍上一时？对个性要强、心怀大志的人来说，放下身段一开始并不自在，但集思广益是一门值得学习和推敲的技艺。温泉疗养地那位女士的智慧改变了我的人生，让我认识到我不必独自呕心沥血，反馈能帮我修正创新的方向，得到市场更广泛的认可。

如果你曾与另一半共同抚育儿女、与搭档共同开展工作、与人合作一个项目等，就会明白合作需要两个以上默契的参与者。虽说合作不一定始终愉快或融洽，但结果往往大于几个人能力的总和。电视编剧就是一个典型的集思广益的例子，他们一开始单独编写，然后再集体修改。比如《每日秀》（*The Daily Show*），乔恩·斯图尔特手下有12名编剧和8名制作人，他们合作推出每一期节目，一天总共要写10个小时段子。总编剧史蒂夫·博都（Steve Bodow）曾经说过："修改期间，一名编剧在短短五到十分钟内，能一口气编出五六个搞笑的段子，只有集思广益才能取得这种成果。"

对我们这些从小被教育要独立和自制的女性来说，做到集思广益并不容易。不过一旦尝试过你就会相信，比起一个人奋斗，集思广益很可能会让你获得更大的成功。

在商界一路摸爬滚打至今，我的成功靠的是茶农、采茶工、茶厂工人、地产经纪人、快递员、包装设计师、精油制造商、进口商、有机产品认证人员、公平贸易审计员、零售店主、餐馆外卖员、主厨、零售商和客户。我总结出一个道理，至少在我的行业中，单打独斗的企业家恐怕难以生存。

我必须聘请、培养和相信一个密切配合的人才团队，助我一臂之力。我认为自力更生这个观念荒诞不经。如果说，一个孩子的成长有赖于整个村子的付出，那么事业发展和梦想实现，则依靠整个城市的支撑。

随着公司的发展，我和零售商一起制订了成功的营销战略。我们在商场举办肚皮舞促销活动，这一招给人留下了深刻印象。我到全国各地举办品茶会，收到的反馈又催生了优秀的新款配制茶。

征求反馈意见如同问朋友一个简单的问题："你说我穿这件衣服好不好看？""你看还要再加点盐吗？"请求合作还能帮你解决人生中的大问题："你看我这个决定对不对？""怎样才能做一名优秀的父母？"

合作为你提供发展的机会。别人的意见兴许是你走向成功的一个转折点，抑或让你悬崖勒马。你不必将每一个意见都放在心上，但当改变游戏规则的创意出现时，你不至于乱了阵脚。

我最近参加了斯科特·科迪（Scott Coady）开的"领导艺术"这门课。这项为期 7 个月的关于合作和领导力的培训课程最初由美国国家航空航天局（NASA）开发，它再次向我证明了合作的力量。在这项课程中，斯科特要每位学员针对自认为难以企及的目标制定一个领导力方案。学员分成几个小组，每个小组的成员互相合作、互相监督完成每天的作业和每周的读书会，共同采取必要的措施完成指定课题。

我的课题是创办一个叫作“妇女的力量”的妇女静修团。我的团队不仅帮我实现了目标，为 40 位女士举办了为期 3 天的精彩活动，而且在每周的活动中都让我有意外的收获。有了团队成员们的关注、倾听、分享和意见反馈，我每周都劲头十足。别说妇女静修团，我甚至想创办、壮大一个非营利组织。

每周聚会，都能产生许多小小的奇迹。我的一位队友决定参加奥运会划艇比赛，她是受训的年龄最大的女性。另一位队友发挥自己的音乐天赋，帮助心脏病人，如今他奔走全国各地，向护士传授音乐的力量。还有一位队友发现自己童书写作的爱好能让他在教育事业上一展身手，最后他在一个新学区找到了一份理想的工作。我则意识到，关注茶园里妇女的境遇和儿童教育正逐渐成为我的人生目标。

相比一个人奋斗，我们虚心合作的时候，得到或给予的要多出许多。每次聚会都仿佛一次心灵或情感的发掘。团队成员们个个都有发言权，在交流中，我们真切地认识了自己，注意到了自身隐藏在盲区里的特质。从别人的观点中认识自己是一个不同寻常的礼物，让我把未来的方向看得更清楚。

实际上，除了成功组建妇女静修团，让40位女性从相识到相知外，我真的组建了一个非营利组织——Educate Her, Inc，拿出静修团的利润帮助茶农的孩子。这说明，合作不仅能给美国女性，还能给斯里兰卡孩子以力量——我的团队慷慨地为我指明了方向。

与有识之士合作能保证你日有所长。如果你遇到困难，不要犹豫，请拿起手机，听一听你信得过的朋友或同事的意见。

## 练习：反馈论坛

你不妨选一个萦绕心头的问题，与一位朋友、同事或导师约一个碰面的时间。把你需要听取意见的事项整理出来，为你们见面准备两个笔记本。

到了碰面的时候，请遵循以下几个步骤：

（1）将你的计划告诉对方，请他记下想到的每一个创意，或者他大声地说，你来记录。

（2）反复推敲他对创意的看法或改进意见。请他尽管提问，如果你觉得紧张或想要分辨，就歇一口气，等这种感觉过去。

（3）将他的意见一一记录在案，哪怕你不能立即认可。请虚心地记录反馈，尽量不要对建议做任何改动。

（4）接下来，将你所需的一切如实相告，这样才能生动地表达你的观点或减轻你心头的负担。钱也好，一批志愿者或一位网页设计师也好，你都可以请对方帮你分析哪些是真正所需，列一份清单。

（5）如果这个人不能直接满足你的需要，那就请他说说谁能帮忙，列一份人脉清单。

（6）你现在有了一份改进创意或实现目标的意见清单，一份需要的资源清单，以及一份有助于你实现目标的人脉资源清单。

（7）现在由搭档和你完成同一套程序。请以赞许和积极的态度，发挥你的聪明才智，帮对方看到他创意的一切潜在可能。请看着他的脸，观察令他最开心的事，如实地告知你的看法——他最津津乐道的事能反映出他的动力和潜质。

（8）为同事和朋友搭建反馈论坛，发扬合作的传统。你不妨一个月，甚至一周举办一次论坛，以便你不断获得支持，并支持别人实现梦想。到了最后，这种活动将自发地、源源不断地产生创意，你就等着收获幸福和惊喜吧。

今后的人生道路上，你要虚心合作。他人的创意往往好过你自己的。找一群质疑你、启发你的人，多与他们相处，这将改变你的人生。

——喜剧演员艾米·波勒（Amy Poehler）

10

# 一杯连心茶

## 念念不忘，必有回响

仙茗，是一种手工制作的绿茶，一注入热水，就仿佛一朵花蕾在杯中徐徐绽放。茶农挑选新鲜的嫩叶和茶芽，一一过筛，不放过一点瑕疵。过筛后的茶叶先经过杀青，抑制氧化，保住淡雅的口味，再由茶艺师用手掌轻轻地揉捻，用细线将柔顺的茶叶紧紧地捆成花朵状，然后掖好细线，让“花朵”显得更加自然。

茶艺师在工作台前聚精会神地一坐四五个小时，长时间的沉默中偶尔轻轻地交谈几句。用线缠茶叶的时候，她们的话语也渗进了茶叶，等到泡茶的时候，她们的思想、意见、烦忧、祈祷和对话才被释放出来。茶艺师将扎好的“花朵”放在山风中晾几个小时，再小心翼翼地装进一个小盒子，等待装运。

我的茶叶进口商第一次送我一小包仙茗，是将它作为圣诞节礼物。一天深夜，我坐在办公桌前，用开水冲泡一朵朵茶蕾，瞧着它慢慢地舒展。金黄的汤色仿佛潮湿空气中的一缕缕烟雾，徐徐蔓延、升腾。品着芳香的茶汤，我仿佛听到了茶叶中传出的信息。

我在第一箱茶叶中听到的使命，是卖了那箱茶，再卖一百箱，攒够去见茶农的路费，可惜繁忙的业务很快冲淡这个使命。3 年后，我才发现我卖的茶远远超过了当初一百箱的目标。我如今有钱付房租和医药费，还有些余钱买一支香薰蜡烛、一个羽绒坐垫或一束鲜花，犒劳一下自己。

我和塞奇搬进了一座漂亮的小家庭旅馆，有了自己的卧室。我们的房东贞子是一位日本女人，一身和服，慈眉善目，把我们当自己孩子一样看待。她常常在我们门口的台阶上留下小礼物，比如日本茶，以及送给塞奇的衣服、鞋子、儿童画册或曲奇饼干，我对此满心感激。我和塞奇每天早上 7 点出门，晚上 7 点后才回家，比起公司给我的体面和独立，辛苦的工作只是微不足道的代价。

我忙着提高茶叶的销量、组建小团队（我管它叫“我的部落”)、装茶袋、设计新包装、开辟新的销售渠道、参加贸易展览、管理预算、安排广告、获得认证……尽管我们的利润一向微薄，但我付清了塞奇前两次手术的费用，不必再向父母或兄弟借钱，也不必在周末工作的时候，求他们开两个小时的车大老远地来照顾塞奇。我如今是一位茶艺师、企业家、自食其力的女人，掌握着自己命运。

尽管一切顺利，但我也知道，只要一着不慎，我就可能全盘皆输。销售额虽不断增长，但幅度并不大。虽说我和我的部落不知疲倦地度过了一个个淡季，但我担心完不成经营方案中预定的指标，效益便难以取得进展。虽然我们没有气馁，但有时候，我的心头仍然阴云密布。

每次路过医院，我都仿佛一片在寒风中颤抖的树叶。有一天，我听到新闻说布什政府砍掉了为交不起保险的患儿提供的“健康宝贝，健康家庭”项目，恰恰是这个项目救了塞奇一命。我把车停在路边，为求医无门的孩子们失声痛哭。

虽说我自认为突破了贫困无依这一无形的障碍，但仍焦头烂额。一方面，我手上有一系列上好的产品，面临着大好时机；另一方面，我内心却烦躁不安，像丢了魂儿。

每当我心痒痒地要去茶叶原产地见一见那里的人，都被自己斥为自私、不负责任的冲动，继而打消了这个念头。飞往斯里兰卡茶园好似那个莽撞、为人母之前的我才会干的事——如今我要买菜买肉、送塞奇上学、雇佣一个部落。

有一天，我巧遇公平贸易组织的一位代表，这个组织提倡公平贸易，吸纳企业时严守这一准则。他给我看了一些茶农的照片，介绍了一些统计数据：在一些茶叶产区，婴儿死亡率高达50%，那些地区缺医少药、没电、没自来水。一名采茶女往往独自一人，仅靠不到2美元的工资养活4个以上的孩子，而且没有医疗保险、产假、儿童保健，退休后生活也没有着落。由于长期接触杀虫剂，她们罹患癌症的概率是有机茶园茶农的10倍。

公平贸易在欧洲深得人心，但在美国却鲜为人知。如果不大幅度提升经过公平贸易认证的茶叶销量，大多数采茶女仍难脱离苦海。

正如咖啡和玉米，茶叶也是一种商品，受到金融机构的限制。一家茶园要销售茶叶，首先要由一位品茶师为茶定一个价格，然后才能上市，通过竞价拍卖。茶的口味、天气、茶叶采购商的预算、金融市场行情、茶叶的需求量等因素，共同决定了茶叶的价格和茶农的收益。给予茶叶补贴的政府还常常打压参与竞价的茶叶价格。

茶是世界上继水之后的第二大饮料。它温婉，高雅，富有诗意，但茶的交易模式却冷酷无情。茶农被简单地称为“劳力”，茶树和土壤的生命力成了“产出”。茶叶的利润少得可怜，茶农掌握不了价格。

我格外看重医疗保健。我当初创办公司是为了筹集塞奇的手术费，但帮我实现目标的人却没有医疗保险，这一点始终在我心头挥之不去。我必须为他们谋求利益。我认为打破这种局面的唯一途径是与茶农建立终生的友谊，在茶叶上市拍卖前成交，给茶园经营者一个合理的价位，为来年制定一个计划，给他们一份希望，好让他们围绕这个预算做安排。这不是现炒热卖的经营模式，而是一种长久、富有爱心和人性、统一、透明的经营模式。我不希望冷冰冰、只论成交的企业掌管我的供应链，我渴望每一个交易环节都融入爱心。如果“老派”的茶园经营者采取的都是冷漠的经营模式，那么，我就是决计打破这个规矩的“新派”女性。

公平贸易组织的代表描绘的茶园的一幕幕，不是我在第一箱茶中看到的幸福、美好的画卷。如果我们公司秉持公平贸易原则，那么一部分补贴将直接支付给茶农，好让他们拿这笔钱满足自己的需要，比如求学、净化水质、用电以及看病。公平贸易绕过了拍卖环节，开创了人与人的联系。

我们必须将公平贸易与有机认证作为我们的另一个使命。我们关爱地球和土壤，但同时也要兼顾人。险些失去我的新生宝宝的经历，让我感觉与茶农和他们的孩子特别亲近。所以，我毫不犹豫地签了字，要做一位彻底的公平贸易认证者。

在部落会议上，我向员工通报了这个新消息：“此举保证了茶农有权投票、结社、能够获得医疗保险、产假、合理的工资和教育，以及不得雇佣童工。”接下来的几个月，不用我催，大家个个满腔热情、干劲十足，要为拯救这个世界尽一份绵薄之力。我们开始预存给茶农的补贴，当时是 1 公斤 1 欧元，约合 1.4 美元。

公平贸易也带来了一部分开支，我们不得不砍掉一些费用。我们办不了吉卜赛茶会，也不再提供店内免费品尝，还要推迟宣传册的印刷。这不过是一小笔代价，我迫不及待地要去茶园，为了我的公司和它的使命，我押上了自己的身家。如今我得担负起客户、员工、投资者以及零售商的责任，寻求我们共同的使命。

“推卸责任不怕找不出理由，”我的冥想老师贾加特·乔迪说，“尽你的义务，其余的交给神明。”

承蒙我的天使投资人鼎力相助、追加资金，我才买了一张去斯里兰卡的机票。我给茶农们去了信，让他们知道我要去。我每天向塞奇解释我要离家一个星期，一连解释了一个月，他总是一句“好的，妈咪”，就自顾去玩了。我从没离开塞奇超过两天，也从没出过这么远的门，我担心迷了路，找不到家。

去斯里兰卡没有直飞航班，所以我取道印度新德里，中途转机要耽搁差不多两天。在我的导师和冥想老师的怂恿下，我打算从莎塔布迪（Shatabdi）乘特快列车，北上去锡克教圣地阿姆利则（Amritsar）黄金庙。

尽管我担心塞奇和我的部落，但第一次飞越国际日期变更线后，我仍然觉得心潮澎湃、欢欣鼓舞——我乘飞机去了世界的另一端！还在飞机上，我就写下了要问茶园经营者的几十个问题，又列了一份来年的愿望（我要到黄金庙过生日），甚至想象了我意中人的相貌和性格，我祈祷这一周能改变我的人生。为参观黄金庙，我事先看了锡克教创始人、圣

人那纳克 (Nanak) 的教义。

我是半夜下的飞机，潮湿闷热的空气让我一时喘不过气。出了机场，我乘车到了下榻的曼辛酒路的泰姬陵酒店。我从没住过这么好的宾馆，见到皇宫般的门厅，我惊叹不已，服务员的殷勤和亲切让我一时手足无措。客房的房价一晚不到 90 美元，但相比一路上见到的棚屋，简直是极尽奢华。

第二天早上，我在火车站逗几个孩子，在一张纸上写了英语字母。一个穿着褪了色的男孩儿衣服的小姑娘迫不及待地指着字母，跟着我读了起来，我表扬了她，她笑了。我从街头小贩那里给孩子们买了果汁和一小把萨莫萨炸三角饺，又给了他们一把卢比。他们三下两下地塞进嘴里，又将卢比揣进了口袋，一个小男孩拿萨莫萨炸三角饺喂藏在衣服里的小狗。火车进站的时候，我心里五味杂陈，我不想丢下他们，眼睁睁地看着他们受苦。这时候，一名男子走过来说："夫人，这些孩子以前在那儿的工厂上班，但新法律禁止录用童工。"

"那不是好事么？"我说。

"这个，兴许是吧，但他们的父母靠他们打工糊口，现在他们却要在车站谋生。"

"他们为什么不上学？"

“这儿的学费太贵，不免费。我不是成心给你添堵啊，不过是想感谢你对他们的好意。”

我无言以对。火车响起了出发的汽笛，我俯身亲了亲小姑娘的脸颊，将钱包里剩下的卢比都给了她。

我一路上苦苦思索刚才听到的一席话：童工让孩子有口饭吃？上学不免费？父母要靠他们打工度日？这些事实击碎了我的理想。

车站的那个男人找到了我，轻轻地拍了拍我的肩膀。

“对不起，夫人，惹你不快是我不好，但我不是成心的。这么多孩子遭此不幸着实令人惋惜，但这是目前的现实。实施一项法律的时候，人们往往不能通盘考虑，一些小的细节就会让孩子和他们的家庭陷入困境。改革一向要付出代价。”

那个小姑娘和塞奇一般年纪，孤苦伶仃地与一群大孩子住在火车站。我恨不得立刻赶回家陪塞奇，喂他吃饭，搂着他，教他认字。我痛恨我现在了解到的情况，不由地萌生了一种责任感。一点萨莫萨炸三角饺、果汁和几个卢比改变不了那些孩子的人生。但愿公平贸易能让我成为解决这个问题的一分子。

一辆人力车把我从火车站拉到了黄金庙，但人群和嘈杂声挡住了我的脚步。庙墙外的贫困让我心绪难平，身体严重畸形的乞丐伸着手坐在街头，蓬头垢面的少妇走向我，打量着我的脸和手，希望得到我的同情和施舍。我站在坑坑洼洼的街头，不知所措地找着进庙的路。

一条长队等着锡克教徒将木豆饭舀进碗里，再逐一递给他们。其他锡克教徒将混合茶倒进茶杯，笑容满面地端到他们面前。我走了过去，站在一旁，嗅着香气扑鼻的木豆饭和茶水，想起了我的冥想老师背诵的圣人真言："承诺是你心灵的流露，承诺让你明白你是谁。没有承诺，你无从知晓。"

此行质疑了我的承诺。我害怕的贫困在这里有了生动的诠释，我害怕的一切都呈现在我的眼前。但工作人员开心地望着一眼不见尽头的队伍，为需要帮助的人端茶送饭。锡克教徒的慈爱启发了我，让我明白了老师的良苦用心，他让我到这儿来是为了帮我克服内心的恐惧，学会感恩。每只伸出的手都能得到一份食物，都能吃饱，几乎人人都露出了笑容。记得一位锡克教圣人说过："一个人克服了内心的自私，才能获得最大的快乐和长久的安宁。"

我走向一位倒茶的男子，问："你每天都来施茶吗？"

"是的，夫人，圣人那纳克开创这个日常仪式，是为了养育天下人，不论贫富、社会等级和宗教信仰，维护团结，证明人人平等，从国王到流浪者都是一家人。”

我挨着一群妇女席地而坐，品着那位施茶者给我的奶茶，回想着刚才乱哄哄的场面，以及锡克教徒从容地端茶递饭，亲切、郑重地对待每一个人的情景，每一份木豆饭都是为了施予而施予。

这恐怕就是火车上的那位男子要告诉的，施予的时候，要带着一颗对人的同情心，而不是为了做一个英雄。为了别人施予不同于为图自己安心的施予，远道而来的施予更应如此。那些站在庙墙外的锡克教徒，不需要他人承认或表扬他们的善举。回报不在结果，而在于一视同仁、孜孜不倦地施予。如果我害怕贫困，就必须帮助别人渡过难关。疗愈自己人生的唯一一条路是疗愈别人。

回到新德里的宾馆，我看见台阶上站着一位身材高大、一身黑衣的女士。人们纷纷上前围住她，索要签名，而其他人则目不转睛地望着她。我起初以为她是一位歌星，当我和她四目相遇时不觉一愣，我发现她像极了我的莱拉姑妈。她相貌出众，是我父亲的几个兄弟姐妹中最漂亮的一位。我走向这位女士，注意到她脸上精美的部落刺青，银鼻环连着一条考究的细链，斜着横过脸颊，连着一个月亮形状、镶着红宝石的耳环。

我听到一位妇女说：“瞧，她就是吉卜赛女王！”

我上前拉着她的手：“请问你是吉卜赛人吗？”

她自豪地说：“我叫谢尔玛，是全印度吉卜赛部落的发言人。”

我一时不敢相信，我说：“我是乌克兰吉卜赛人！”

“你是吉卜赛人，能不知道我是谁？”

“我办了一家公司，叫吉卜赛茶……在美国！”

“不认识我，你办不成这家公司，你最好跟我去瑞诗凯诗（Rishikesh，印度最主要的瑜伽静修圣地，印度最著名的朝圣中心之一。——译者注）见见吉卜赛人。我打算帮我的族人班加拉人搞些基本生活资料、水泵、急救包……”

我愣住了。我此行的安排只围绕着茶和公平贸易，却忘了我人生和事业最重要的一个部分——1000 年前来自印度流浪部落的吉卜赛传统。去我的文化故乡，却又不去见见我的族人，不知我当初是怎么想的。

“我去不了，”我结结巴巴地说，“对不起，我明天一早要飞去茶园。我做着与你一样的工作，只不过是通过我的茶……”

一名司机向她挥了挥手，她冲他点了点头，转身对我说：“这是我的手机号，你什么时候来，我随时恭候。请你记住，印度是吉卜赛人的故乡，这里是我们的祖国。”她打量着我的脸，望着我的眼睛说：“这里是你的根。”

“谢尔玛，你能为我的公司赐福吗？”我翻着背包，想送她一罐茶。

“你无须赐福，”她说着，走向等着她的车，“只要你记住你故乡的神奇，别忘了为你的名字增光就行。”

我久久地站在台阶上，回想着这一天的神奇经历。我这辈子也想不到这次巧遇，我走过那么多路，住过那么多旅馆，却在这儿见到了谢尔玛。我的身世是我自豪的资本。

那天晚上，我依偎在床头喝着鲜薄荷茶，在绿天鹅绒日记本上记下这一天能回忆起的细节。由于呼吸了一天严重污染的空气，我嗓子发疼，又在庙里为塞奇的健康祈祷哭肿了眼睛。忽然听到有人敲门，我打开门，几名宾馆员工齐声唱着“生日快乐”走了进来，想必是从我登记的护照上知道了我的生日！他们递给我一个漂亮的巧克力蛋糕，上面写着

“生日快乐，珍娜小姐”，托盘上的一张卡片写着：“欢迎到印度来，珍娜小姐，祝你幸福！”我谢过他们，他们一个个笑了。

我热泪盈眶，觉得万分感激。

第二天我飞往斯里兰卡首都科伦坡。这里一派热带风光，空气湿润清爽，与印度截然不同。我要去拜访的茶园主人为我安排了一辆车和一位司机，我们一路躲着迎面而来的大公共汽车，挤在摩托车上的一家子，以及左冲右突的嘟嘟车。去茶园的路仅能通一辆车，有几处被雨水冲垮，这一路花了差不多 8 个小时。

我平生第一次见到了茶树，一行行茶树整齐地绵延数英里。一路上我至少停下来 10 次，摸一摸茶树，为它们拍照。远处巨大的瀑布从一行行绿油油的茶树中穿过，采茶女们背着大背篓伏在茶树上，她们五彩斑斓的沙丽点缀着茶山，仿佛一盏盏鲜艳的圣诞彩灯。

终于到了哈普特莱的生态茶基地。我惊讶地发现入口处挂着一条横幅：“欢迎来自美国的贵客珍娜！”我觉得既荣幸，又不敢当。一排穿着桃红色沙丽的妇女以及至少 50 个孩子围了半圈，向我挥手。见我从车上下来，孩子们欢呼雀跃。一位带着金丝眼镜的男子上前拥抱了我，说道：“你好，珍娜，我是格纳纳，这儿的经理，欢迎欢迎！我们非常非常高兴见到你，珍娜，这是我们莫大的荣幸，千真万确。”

孩子们围着格纳纳和我，有几个孩子还怯生生地伸出手，摸了摸我的衣袖。他们仰起脸，闪着大眼睛冲我微笑，他们额头上都点了一颗红色的吉祥痣，小姑娘们还在乌黑闪亮的头发上戴了一个鲜艳的塑料发夹。

一位穿着桃红色沙丽的妇女走了过来，将一串茉莉花环戴在我的脖子上。她拉着我的手，吻了我的双颊，然后真挚地看着我的眼睛说：“珍娜小姐，谢谢你不远万里来看我们，我们真的十分荣幸。”

一个用托盘端着银碗的孩子走了过来，羞答答地示意我弯下腰。另一个孩子用手指蘸了蘸装满红色粉末的银碗，轻轻在我额头点了一下，望着自己的成果，露出了满意的笑容，她说：“珍娜小姐，谢谢你来看望我们。”

人群背后的一栋建筑的墙上画了一大幅壁画，画中一个小姑娘在花园里奔跑。画面上方写着一行字：“我们生活在一个幸福、健康的环境中，心怀促进社会进步的有机理念。”我左边的篱笆上的一块木板写着另一句话："爱心和本领相结合的时候，你就等待奇迹吧。"

一个大眼睛的小姑娘拽着我的袖子说："见到你，我们太高兴了，珍娜小姐。"格纳纳拍了拍她的脑袋，自豪地笑着说："她叫杜尔迦，是一名非常优秀的学生，她妈妈也在这儿采茶。"

一位青年妇女吻了我的双颊："我叫尼莎。总算见到你了，珍娜小姐，你能不能给我们说几句？"她递给我一束鲜花，示意我转身面向人群。我眼中涌出了幸福的泪水："这一天我盼了许多年，仿佛从我在美国收到你们的第一箱茶叶时，就与你们相识了。我觉得与你们那么近，就仿佛你们是我的亲人。"

格纳纳翻译了我的话，人们纷纷鼓掌。格纳纳又问："珍娜，我们听说了你的故事，听说你白手起家，创办了你的公司，听说这是为了救你的儿子。你能给大家讲讲这个故事么？"

"格纳纳，这都是过去的事了，我更想听听你们的故事。"我说。

"说吧，珍娜。我相信，这个故事证明，只要勤劳，一切皆有可能，这将给她们很大的鼓舞。”

我捂着胸口说：“几年前，我创办公司是为了给儿子赚救命的手术费。我进口你们的茶，卖给美国的顾客，用赚来的钱支付了两次手术费。终有一天，我儿子会健健康康地长大成人，是你们和你们的茶帮我实现了这个愿望。”

格纳纳翻译的时候，我望着妇女和孩子们的眼睛。一名妇女抬手抹着眼中滚出的大滴泪珠，冲我不住地点头。

格纳纳说：“我们是互帮互助，珍娜，谢谢你的好意，你的话让我们，也让她们了解了世界。你向我们证明，一切皆有可能。”

格纳纳领着我进了办公室，孩子们跑上草地，玩起了板球。他为我斟了一杯红茶，又递给我热牛奶和糖。我坐在沙发上，那群穿着桃红色沙丽的妇女围在我的跟前，笑着看我喝茶。格纳纳在紧挨着我的一张椅子上坐下来：“珍娜，你将我们的茶销到美国，我们非常高兴，不胜感激。你支持我们的梦想，对我们意义重大。”

我再次热泪盈眶，说：“我卖了 3 年茶，第一箱茶是从你们的出口商那里订到的，我办公室还留着那个箱子，它是我到这儿来的动力，是我的灯塔。”

“哦，太好了，珍娜，我们非常开心！”格纳纳点了点头，说：“这几位妇女是茶农的代表，向我们汇报茶农的担忧和需求，以便我们尽量为她们解决问题。她们投票表决每个季度公平贸易款项的去处。她们为解决整个茶园的贫困问题，立下了汗马功劳。”

格纳纳介绍了大约 17 年前他和新任茶园主刚到这片茶园时的情况。他们与茶农见了面，但茶农们不习惯讨论管理，除了礼节性地回答“是”或“不是”，起初都不敢看他们的眼睛。到了最后，工人们才放下心，开口说话。格纳纳问他们最需要什么，他们却请求上卫生间。

“连尊严这个最基本的需求都满足不了。”他说着，伤心地望着茶杯。

格纳纳和新茶园主由一位叫作扎基·阿利夫的人带队，走访了工人的家，发现食不果腹、体弱无力的母亲要抚养七个孩子。因找不到工作而一蹶不振的男人借酒浇愁，家暴频繁。因医院远在数英里之外，步行去不了，母亲和孩子求医无门。

“我上一次被解雇，丢了管理职务，是因为开着卡车送一位母亲和她生病的孩子去医院，”他说着，摇了摇头，“他们说工人可以自己解决，但孩子奄奄一息。这些茶园主送自己的狗去看兽医，工人或孩子生病的时候，却要他们‘自行解决’。我发誓要创办一座茶园，那里不分经理和工人，一视同仁地爱护每一个生灵。”

如果我身为一名茶农，恐怕没本事送塞奇去医院。

格纳纳仿佛看透了我的心思，说：“为大家营造一个健康、幸福的环境是我们一个由来已久的梦想，不分经理和工人，人人平等。孩子始终受到爱护，我们教给他们爱，不是恐惧，只要孩子们快乐成长，我们出的就是好茶。”

他说这话的时候，外面传来了打球的孩子们的欢声笑语。我深刻地认识到了格纳纳慈爱的力量。他仿佛是一位圣人，这片茶园是他的圣庙。

尼莎平静地说：“珍娜，我们一直在为你的儿子祈祷。”

“是吗，”我回答，“他恢复得非常好，他会爱上这儿的，一有机会，我就带他过来。他很淘气，长着一头红发，喜欢吃甜食。”

格纳纳说：“珍娜，尼莎的父母都是这儿的茶农，尼莎现在帮我管理茶园，这让他们引以为荣。”他笑了，尼莎显得有些难为情。他又说：“她是我们计算机培训中心的第一位毕业生，会电脑，比我强多了！”他开心地哈哈大笑，其他妇女也跟着笑了起来。

“总之，”尼莎说，“是你鼓舞了我们，珍娜。”

一位妇女选读了报告的一小段：“茶园有 2500 人。”

尼莎示意另一位妇女，她接着念道：“工会代表了全体工人，我们投票选举了一位汇集我们呼声的主席。她是茶园的一位工人，叫兰佳尼。”

兰佳尼接过话说：“我们为孩子办了 5 所学校，以及更多的托儿所。我们不接触农药，我从另一家茶园来到这儿，是为了健康，为了孩子能喝一口干净的水。”

几名教师介绍了学校的课程后，我说：“我要分享你们的故事，我要多买茶。下次来时，我会带些文具。”

喝过茶后，格纳纳和尼莎带我参观了茶园的生态肥料，讲解了区域规划，并且介绍了茶叶的种植方法。

“我们认为茶树不过是整体中的一分子，树根、土壤、农场主、茶农、鸟儿、昆虫、花朵、空气、树木、空气、太阳、月亮和星星共同组成了一个整体。世上不存在独立的事物，包括你。”

尼莎说：“我们种的草药可当作天然的药材，我们将它们转化成肥料。”她领着我走向一垄垄草药：春黄菊、西洋蓍草、缬草、蒲公英和木贼。她说：“我们用它们炒茶，然后再用它们浇灌茶树的根，每一种草药都含有增强茶树免疫系统的矿物质。”

格纳纳说：“我们还用碾碎的石英施肥，它富含壮苗的二氧化硅，效果显著。”

接下来的几天，我到学校陪孩子们，走访工人的家，进一步了解了这里。这座茶园与另一家公司旗下的茶园相邻，但外观却截然不同。他们的茶树虽然也成行成垄，但不如格纳纳的茶树茁壮茂盛；房屋虽然也排成一列，但屋顶却是用树枝和铁皮做的。格纳纳说：“珍娜，有了需要，我们才能改造土地，如果我们能为我们的茶创造更多的需求，那么，我们就能买下别的茶园，把它们建设得和我们一样。”

最后一晚，我躺在小客房的床上，感慨万千。多卖出一些茶，传播格纳纳和伊达尔加什纳的经营模式，要做的工作太多太多，我如今明白，这才是最正确、最要紧的事。之前我只在一部分配制茶中用了他们的茶，但我现在要改变配方，所有的茶都用他们的茶做基茶。

回到公司时，我的部落在等着我。塞奇第一个跑上前，大家都过来拥抱了我。我给大家看照片，将我们的新使命告诉他们——增加有机、公平贸易认证茶的需求。大家一致赞同，并且修改了我们的使命宣言："我们向顾客供应健康和幸福，同时消除全世界茶农的贫困。"我想起一位顾问曾对我说："带着使命感为人服务，你将立于不败之地。"

我的助手对我说："我要告诉你几个好消息，珍娜。西夫韦（Safeway，美国的四大零售业巨头之一。——译者注）有意在全国范围内销售我们的茶叶，他们希望你去他们的总部面谈。还有一位男士打电话请你到克罗格（Kroger，美国三大连锁超市之一。——译者注）与他和他的团队见个面。"

我的心一阵狂跳，一时不敢相信。

"别急，还有呢，珍娜。你听说过韦格曼斯（Wegmans，美国东部知名连锁超市。——译者注）吗？那家公司的人也打来电话，想和你洽谈将茶叶销到他们店的事。"

我扶着椅子坐下来，双手捧着头，免得在她面前失态。格纳纳的话在我耳边萦绕："珍娜，请你记住，能看到别人看不到的，才能办成别人办不成的。"

接下来的一年，我们的销量飞涨。

## 杯子格言

**我响应使命的召唤，变得更加完整。**

茶园之行弥合了我绝望破碎的心灵。在黄金庙的祈祷消除了我对塞奇手术残存的恐惧。见到吉卜赛女王，寻到了我远古的根。见到茶园的妇女，我厘清和坚定了我的使命。

此行之前，我不免有些顾影自怜；此行之后，我不再认为凡事理应如此。强烈的使命感、我和格纳纳惺惺相惜的友情以及我和茶园紧密相连的力量，这些使得过去我对茶叶销量上不去的种种担忧荡然无存。格纳纳告诉我，善意最终是自愈和治疗别人的良药，事业的使命应该是鼓舞别人，而不是贬低或利用他们。这些年的合作，他让我明白了一个道理：上帝的木匠铺不仅雕刻茶杯，还盖房、造学校、建社区中心，以及搭建人类沟通的桥梁。

你现在肩负着什么使命？什么使命曾被淡忘，却又回来萦绕你的心头？

## 练习：肩负起你的使命

这个练习将让你看清你要承担的使命。请在你的日记中写下答案：

（1） 我内心渴望 ____。

（2） 我曾经渴望 ____。

（3） 为承担这项使命，我首先要 ____。

（4） 为继续承担这项使命，我要 ____。

（5） 我要在 ____（日期、时间）肩负起这项使命。

你一生中要遇到许多使命。虽说并非个个都能实现你的目标，但每个使命都能帮你树立信心，让你离目标更近一步。

只要勇于追求，任何召唤都是伟大的。

——老奥利弗·温德尔·霍姆斯 (Oliver Wendell Holmes)

11

# 一杯椰子茶

## 有好奇心的人更快乐

在上等红茶中调入肉乎乎的椰子和肉桂精油时，你不妨闭上眼睛，品味斯里兰卡的雨水和破晓时分从茶园上袅袅升起的迷雾。这些来自亚洲各地的配料各有各的味道，没想到糅合到一起却令舌尖惊诧。

我在科伦坡街头想出了椰子茶这个创意。启程回国的那天清晨，我站在一个茶摊前，茶摊主人得意地递过茶杯。我面对人来人往的大街，从这杯茶中汲取一些温暖。我夸他配的茶恰到好处，他报以灿烂的微笑。离回家见塞奇还有几个小时，我有一种想飞的感觉。街头茶摊传统的奶茶是个再好不过的送别。

第一次到斯里兰卡令人百感交集，我现在总算得空消化它们。我品着茶，将这趟旅行的感受融入我的内心。我抬头呆呆地望着婆娑的椰子树，沉醉在水汽和奶昔的香味中。3 杯下肚后，一阵幸福感袭来。我望着树梢间沉甸甸的熟椰子，突然有了一个主意。

“不知道加了椰子，茶是怎样一番味道？”

回到家，我没有放弃椰子茶这个灵感。茶配好之后，我品了一杯，味道令我惊喜，一股暖流缓缓淌进我的胃，流经我的全身，渗透到我的指尖。这种茶让我想起了在黄金庙目睹的无私奉献。绵绵的香味像当初谢尔玛女王打动我心弦一样，将神奇注满了我的肺腑。红茶奔放的香气又带我回到了生态茶园，在那里，孩子们的欢声笑语消除了世间的烦恼。

在好奇心的驱使下，20 岁那年，我离开加利福尼亚，来到内华达的寇提女子学院（Cottey College）学习。后来我又飞往秘鲁学习草药，在那里我学会了尊重土著居民和植物。第一次探访印度和斯里兰卡让我懂得了使命和职责的力量。虽说如今我有了自己的事业，但年轻、缺乏正规教育似乎是我的一个软肋。为了弥补这个缺憾，我迷上了营销术。我读遍了所有能找得到的商业书籍，趁塞奇睡觉的工夫上网学习商业课，第二天早上满口新学来的术语，像模像样地走进办公室。没人能听得懂我在说什么，大多数时候，连我自己都不知道我在说什么。

春天到了，喝热茶的人少了，我们又回到了淡季。为了应对收入下降，我们要削减开支。我从茶园回来后，我们又添了个人手，我的部落现在有八个人。为了保住大家的工作，我必须梳理预算，减掉一切不必要的开支。

部落的周例会上，我在每位员工面前放了一张销量统计表，对他们说：“诸位，淡季就快到了，我们要削减开支，也就是说要砍掉销售不佳的茶叶，蜂蜜大茴茶、金银花绿茶、薰衣草茴香茶都在撤柜之列。”

屋内的人都点了点头。

我接着说：“我们并不是非得手工配置每一种茶，如果我们的茶能达到一定的销量，我们就能买一台真正的茶叶配制机！”

我的配茶助手举起拳头：“对，我们需要一台机器！”

他喜欢改造车，我估计造一台配茶机在他眼中简直是小菜一碟。到那时，我们一个小时配的茶叶会比现在一整天配的还要多。

我看了一眼清单又说：“椰子茶本来应当一炮而红的，可惜事与愿违，它几乎没有促进销售，因此也在被砍之列。”椰子茶上市已经几个月了，但销量仍然垫底。

员工们的表情僵住了。一向温和、近乎腼腆的财务经理亚尼内腾地从椅子上站了起来，喊道：“你不能这么做！”

“我明白，我明白，”我答道，“我也不好受，可是……”

我的得力助手、业务经理雅基说：“不，珍娜，你不明白，椰子茶的销量不好，只是因为推广不够罢了。”

“好啦，好啦，我知道你们的品味比客户大胆。”我低头看了一眼清单，摇了摇头。

“但这是我们最好的茶，”亚尼内说，“谁也不能否认！”会议室内个个情绪激昂，我认为自己必须拿个主意。“你们看看这张表，有几家咖啡馆定了椰子茶？”

雅基手指一直划到了最下面一栏，脸色一沉。“一家。”她说。

我挺直了身体（但也没高了多少），不容分辩地说：“一家咖啡馆。我们不能忽视这个疲软的数字，它不畅销，我也很郁闷，不过它非走滞销茶的老路，去‘死难茶叶国度’不可。”我尽量说得风趣，但没有一个人笑。我说：“好吧，就这么定了。”

我丢下仍坐在那儿的部落成员，回到了办公室，又看了一遍销售数据，确信我没看漏什么。没错，椰子茶的销量的确不尽如人意。

有人轻轻地敲了敲我办公室的门，亚尼内探进了头。

“我就想啊，”她说，“货这么好，订单为什么偏偏这么少呢？”

“我们可不能干坐着抓破脑袋，撤掉它，这个难题就迎刃而解了，不是么？”我说。

她皱起了眉头：“可是，你认为……”

“我们保不住那些业绩不佳的项目。”我说，“我们的业务渐渐做大了，不能推掉大单子，放下手上的一切，就为了配一磅椰子茶。”

雅基接着挤进了门：“我们都认为你在推销椰子茶时犯了一个错误。”

设计网页的小伙子马克在她俩中间探出了脑袋：“绝对是个错误！我从没喝过那么好喝的茶，我做梦都想着它的味道。”

亚尼内白了他一眼说：“他在抽屉里就藏了一袋——你可别赖。”

“好啦，珍娜，”雅基央求道，“你还在想椰子茶为什么业绩不佳么？”

我的确想不明白……好吧，说实话，我不过是不想当着部落的面认错罢了，我的自尊心越来越强，越来越自负。我准备结束这个话题，关上办公室的门，但这时，其他几位员工也涌进了我小小的办公室。我妥协了，拨通了椰子茶的唯一一位客户——圣巴巴拉咖啡猫咖啡馆的电话，按了免提。

“是让吗？”我说，“你好，我是吉卜赛茶公司的珍娜，我想告诉你，我们不得不砍掉销售业绩不佳的茶，椰子茶也在此列，你们咖啡馆是它唯一一个客户，所以……”

她扯着嗓子，吵架似的通过小小的扬声器说：“哦，天呐！别！那是我们最畅销的茶！为了喝一杯，有人驱车几英里大老远地赶过来！”

“真的吗？”我问，“但销量就那么一点，明摆着就只卖给了你和我的员工。”

“那不赖我。如果你砍掉它，我就把你在奥海的地址告诉我的客户，要他们去抗议！”

我想不到，一天要操心那么多事的咖啡馆经理竟然能注意到这种茶！

“我得承认，”她说，“这种茶听起来怪怪的……谁会在茶中放椰子呢？不过，你要是砍了，会伤透大家的心！”

一向稳重的亚尼内听了欢呼雀跃：“你瞧！卖不动不是因为口味不好，而是方法不对！”

马克冲向自己的办公桌：“我这就为椰子茶设计一个网页！”

那一年，椰子茶风靡一时，成了最负盛名的健康食品供应商面向全国收购的第一种茶，甚至奥兹博士（Dr. Oz，美国最受欢迎的健康节目“奥兹医生秀”的主持人。——译者注）也在《奥普拉杂志》（*O: The Oprah Magazine*）上推荐了它。椰子茶让我们这家小公司声名鹊起，吸引了许多新客户。

## 杯子格言

**用好奇心拓宽人生之路。**

有好奇心的人更加快乐。孩提时代，我们怀着好奇的天性，但随着一天天长大，我们渐渐明白“好奇害死猫”。我们开始稳扎稳打，形成了惯例，养成了习惯，但过于依赖一贯的认识，会让我们踟蹰不前。

我一度以为一位领导要想成功，必须样样精通，现在我才明白，情况恰恰相反。我必须培养自己的好奇心，而不是当一个掌控一切的成年人。好奇心会带给自己一段新奇的体会和一些不一般的发现，比如在混合茶中添加椰子，或者在茶杯中周游世界。

我的朋友基拉·瑞得是一位瑜伽教练，她有一句口头禅：“谁晓得以后的事！”她说：“我们不知道生活会有多么美好、多么广阔，如果我们虚心接受天地万物的解答，就不会因为井底之见限制了自己的选择。”

基拉让我明白了一条真理：好奇心让我们虚心接受未知的事物，这正是命运等着馈赠我们的礼物。

以下几种方法可以帮你恢复与生俱来的好奇心。

## 练习：重新培养你的好奇心

接下来的一周，你要虚心接受一切可能，培养自己的好奇心。你越是好奇，就越能拾得令人惊喜的珍宝。

（1）星期一：走一条新路去上班、上学或逛商场，详细记录一路上的见闻。

（2）星期二：请教一对恩爱的夫妇，请他们谈谈爱情到底有什么保鲜秘诀。

（3）星期三：请教生意场或工作中一位你钦佩的人，请他谈谈保持专注和头脑敏锐的秘诀。

（4）星期四：请教一位有钱人（至少比你有钱的人），请他谈谈他是如何看待钱财的，想想他的观点对你的财富观有何影响。

（5）星期五：问一位朋友，他最喜欢你哪一点，你也说说他身上的优点。

（6）星期六：问一位家人，他最大的教训是什么，这对他的人生有什么启迪。

（7）星期天：随便问一个陌生人什么事让他深有感触。

（8）将你所了解到的列一份表。你会发现，好奇心不仅拓宽了你的人生道路，甚至为你带来了幸福、爱和心灵深处的感悟。

生活起于秘境，也将止于秘境，中间是一片蛮荒和美丽的土地。

——《感官之旅》（*A Natural History of the Senses*）

作者黛安·艾克曼（Diane Ackerman）

好奇甚至比勇敢更能战胜恐惧。

——爱尔兰小说家、诗人詹姆斯·斯蒂芬斯（James Stephens）

我们勇往直前，打开新的大门，尝试新鲜事物，好奇心带领我们踏上新的征程。

——沃尔特·迪士尼（Walt Disney）

12

# 一杯焦糖茶

## 承认本身就是赞美

焦糖茶汤色殷红，喝一小口，仿佛得到了一个拥抱。混合了红糖的路易波士，一大勺微辣的肉桂，让你唇齿留香的丁香，一小撮安神的肉豆蔻，再加上令人酣畅淋漓的生姜配制而成的茶，可以平复你的心境，叫它“降火茶”再恰当不过。劳累了一天，我常常靠它提神、恢复体力。

我还用这个配方作为圣诞节茶、榛子茶和香草籽茶的基茶。只要加入小小一滴与众不同的有机精油，它就能给你一段全新的、回味无穷的感受。

作为妈妈和企业家，我太忙了，除了部落和塞奇，其他的我都无暇顾及。我的生活就是忙着见人、打电话推销、去展会、为产品把关、举办品茶会和学习管理一个不断壮大的部落。只有儿子到医院检查化验才会打断这套程序。从加州大学医疗中心出来，我常常累得筋疲力尽，但还是会径直去公司，将 4 岁的塞奇往小帐篷里一丢，给他打开《海绵宝宝》动画片，一直工作到他沉沉睡去。到了家，我钻进被窝，盯着表单，直到迷迷糊糊地睡着，但常常不等闹钟响，我就被愁醒了，没到上班时间，我就赶到了办公室，将当天的事情提前准备妥当。

销量增加意味着压力也随之增加。我处心积虑地不让买卖毁了茶的意蕴，但随着生意越做越大，要做到这一点绝非易事。我没想到靠茶叶拯救一小片世界的美梦会带来如此多的烦恼。我的梦想充斥着托盘造型、装运计划、调查问卷等，我的宏图大略里少不了没完没了的小细节，要考虑它们，我的头脑中再也容不下别的东西。

我们的销量越高，犯错的机会自然就越多。比如东海岸一家零售商说，如果我们把茶同时卖给他们的竞争企业，他们就向政府的计量审计员举报，说我们的产品短斤少两。如果我们的茶真的少了零点几克，单单一个品种的罚款就高达 15000 美元！老天爷！我们的产品都是手工包装，人为误差在所难免。但要是真的被查出来，砸饭碗不过是分分钟的事！

我只好事无巨细地盯着产品，不放过任何一箱茶叶中的差错。我管不了他们之间的竞争，但我能管得了公司内的每一个细枝末节，不让自己栽跟头。

在一个地区，一家咄咄逼人的公司以零售价将我们投放在各家商场中的茶叶一扫而空，再贴上自己的标价签，堂而皇之地上了架……总之，我们只要稍有疏忽，几年的辛苦和投入都要泡汤。几个月之内，我就从一个倡导公平贸易的盲目乐观者变身成了勇敢的女护法，我不得不像钻进钱眼儿的生意人一样竞争。

这时候，我接到了迄今最大的一笔订单：新泽西一家连锁店定了 200 件茶，一件 48 罐，用于圣诞节销售。一看到订单下面的数字，我恨不得来个后空翻，但仔细再看，我却发现只要有一克之差，我就有 9600 次倒闭的危险。

我的投资人艾娃请我吃饭的时候，我对她说了这件事。

“你最好见见我的财务顾问，”她说，“她是一位投资界的天才巨星，常常替客户打理上百万美元的投资。她也是她白手起家，一手创办了自己的公司。”

“我忙不过来，”我说，“没人帮我照顾孩子。”我又补充了一句。

我拿不出上百万美元，不知道能跟这位神通广大的女人谈些什么。再说我穿什么？只要听听她有多成功，我就觉得自惭形秽。一笔净赚 5000 美元的单子就能吓到我，后面再加那么多个零，我想都不敢想。

“我女儿替你看孩子，你只管来就是。”她不容我分说。

见面地点约在了久负盛名的奥海谷饭店，这里是高尔夫和温泉爱好者的好去处，也是喜欢本地新鲜食材的“土食主义”美食家的圣地。我做梦都想把茶卖到这家饭店，可惜直到现在，我都不敢开这个口。在那儿停车的时候，我心里发毛：她要是叫我买单怎么办？她如果要我买酒，该如何是好？我查了一下银行余额：47.32 美元。如果是 AA 制的话，我还能买得起一份开胃菜和一杯啤酒。

我穿了一件在清仓大甩卖时淘来的漂亮毛衣，外加一双好看的木屐。我和艾娃挽着胳膊，穿过种着薰衣草、玫瑰和迷迭香的花园，最后到了占地几百英亩、草地修剪整齐、灯光闪烁、陈设雅致的室外餐馆，坐在这里可以俯瞰辽阔起伏的墨绿色高尔夫球场。几个星期来我第一次展开了眉头——这儿太美了，我的公司离这里尽管只有几个街区之隔，却仿佛在千里之外。

艾娃管她的财务顾问叫法埃（Fae），意思是优秀的财务顾问（Financial Adviser Extraordinaire）。她从座位上一跃而起，先是拥抱了艾娃，接着又笑容可掬地拥抱了我。

“久闻大名！”她说，“请坐，请坐！我点了一大瓶香槟，他们这就送来！”她拍了拍身边的座位说。

“说说你们公司的情况吧！”法埃说。

“我们正在发展，”我结结巴巴地说，“大家好像喜欢我的茶。”我绞尽脑汁挑好的说，但心里惦记的是办公桌上一摞没办完的要紧事，外加那个要在24小时内确认的大订单。

“我也喜欢你的产品！还介绍给了我的亲朋好友！”法埃笑着说。

“听说你们最近的销路不错，”她追问道，“你给我说说。”

“是的，就在几个小时前，我们把茶卖到了Vitamin Shoppe（美国一家专业的营养保健产品零售商。——译者注），这是我们迄今最大的一笔业务。”我喝了一口香槟，气泡刺得我的鼻子发痒。

“你是什么感觉？”她探过身问。什么感觉？我不晓得该如何回答：“唔，这个……责任重大，茶罐的印刷要格外仔细。这茶是节日专供，人家会买来送礼。我们必须在这个月21号前发货，否则过了圣诞节，谁会买圣诞节茶？我们必须面面俱到，否则……”

法埃打断了我：“珍娜，你给我说说，拿到了一笔大单子，你首先要做什么？”

“我慌了神！”嗯，这可不是一位赫赫有名的财务顾问想听的答案。我笑了笑，补充道：“因为要考虑的太多。我一向以为，茶有什么难的，但这里面有许多小细节，的确很难把握。有人说谁在营销上投入的钱多，谁就是赢家，但我认为对手休想击碎我们的理想。”

法埃摘下眼镜，双手合十：“珍娜，成为竞争目标是衡量一家企业成功与否的必然标准——这会催你奋进。你要留意竞争，巩固竞争过程中暴露的薄弱环节，然后迅速采取行动，别慌了神。”

我怕了，不想当着艾娃和她顾问的面暴露我的怯懦。但法埃的话却让我生出了许多疑问：“请问换做是你，你怎么面对竞争？”

“唯一能做的是：为对手不愿为，而不是他们不能为的事。他们的投入大，没他们做不了的事，但他们似乎不愿意进行百分百的公平贸易，因为代价太高。他们拿不到女性企业经营许可证，因为他们多半是男性。他们不会采用有机茶，因为货源不足。”她又笑着补充了一句，“他们无论如何也不会靠着在杂货店走道看手相和跳肚皮舞促销产品，这里还有你的一席之地，我的朋友。”

我平生听过好些权威的建议，它们重新振作了我的梦想。有一次，我与我的偶像、美体小铺（The Body Shop）创办人安妮塔・罗迪克夫人 (Dame Anita Roddick) 喝茶，她夸赞了我的吉卜赛爱心茶，同时又指出了包装的不足：“这一看就像青少年杂志里的东西，不像是高档商店里出售的商品！你的出发点虽好，但包装却逊色了一些！”话虽不中听，但我听从了她指点，重新设计了包装，还拿到了设计奖。

还有一次，我在巴塔哥尼亚（Patagonia，*世界顶级户外奢侈品牌。——译者注*）的总部卖茶，碰巧遇到品牌创始人伊冯・乔伊纳德（Yvon Chouinard）。他建议我招聘员工时不要看完美的简历，要看他们是否拥有激情和是否忠诚：“招聘一个屡屡碰壁的人，看到他们最优秀的一面，他们会对你忠心耿耿。”

每一个事业的转折点，都有人给我指点迷津，他们的建议大有裨益，激励我坚持、奋进，去迎接更大的挑战。我如今已经大有长进。

听了法埃的指点，我恨不得立刻接下那笔单子。既然长了见识，再吃午餐似乎纯属浪费时间。“谢谢你，法埃，我这就回去准备这笔大单子。如果我明天早上能处理好，我们就能拿下。”

没想到她听了哈哈大笑。“哎呀呀，”她说，“你只见茶叶，却不见森林！”

法埃见我愣坐着一声不吭，忍住笑接着说：“害怕成功是将成功拒之门外，赞美成功你才有好结果！珍娜，你不妨暂时享受一下那笔大买卖带来的喜悦，否则老天怕是又要将它转手让人了。”

听到这句话，艾娃赶紧点了点头。

“亲爱的，”法埃说，“我们对自己的潜能常常浑然不觉，因为我们对自己过于苛刻。勤劳肯干是没错，但也别浪费了勤劳带来的好处。享受一顿美食，庆祝这一刻，暂时不去担忧下一刻。珍娜，我与许多成功人士有过合作，你知道他们都有一个什么共性吗？”

“请说。”我探过身问。

“眼界。”她笑着说。

我慢慢地推了推眼镜，与她四目相遇：“眼界。”

我从小所受的教导是天道酬勤，但从没有人告诉我庆祝的力量。听了法埃的指点，我开始刻意庆祝成功，而不是下意识地默认恐慌。我渐渐从容起来，茶叶的分量也不再令人胆怯和气馁。我一心关注产品，而不是对手，他们也不再显得那么强大和吓人。我一身轻松，如鱼得水。

### 杯子格言

**关注积极的方面，才会捷报频传。**

取得了一项成功，你作何感受？是担心，是细细品味？还是为有可能错过那次成功而胆战心惊？

许多英明的创意经不住时间的考验，原因在于创始人不再有当初的眼界。站在高山之巅，我们能认清自己的使命，但走入尘世，我们会遇到异议，会迷惑，会受到种种琐事的阻挠。这时我们要坚持己见，树立自信，不受外界的干扰，完成自己的使命，同时享受这一过程。

学会为人生中小小的美事儿犒劳自己的时候，你其实是开阔了眼界。我不是说每次取得进步，都要你去拉斯维加斯纵酒作乐，何况由于经费捉襟见肘，你怕是不能大肆庆祝成功，不过，小小的庆祝也能帮你走出窘境，进入希望之地，比如享受片刻，喝一杯喜爱的香茶，听一听喜欢的音乐，到海滩走走，或多陪孩子一个小时。总结让你出色完成工作的优点，每一个小细节都能让你更上一层楼，开阔你的眼界，见到令你惊喜的景致。

挫折是你追寻梦想时的必经之地，关注积极的方面，才会捷报频传。

## 练习：庆祝一项成就

列出你最近 24 小时取得的小小成就，比如“对公交司机微笑”或“为一位朋友冲了咖啡”。你在过去的 24 小时做的每一件事都非常重要，记下你想得起的事，再看一遍这份清单，留意你出于爱和关心而做出的每一个举动，这就是你创造的奇迹。你是奇迹的创造者，你要庆祝这些事！

你善待自己了么？这也是一项奇迹，只要承认它就是庆祝。生活中被忽略的事太多太多，承认本身就是赞美。注意它们、感激它们、欣赏它们，你会变得体贴入微、明察秋毫、出类拔萃，这就是眼界。

你只有两种活法，一种是一切不足为奇，另一种是一切都仿佛奇迹。

——阿尔伯特·爱因斯坦（Albert Einstein）

我们看到的不是事物本身，而是我们心目中的它。

——阿娜伊斯·宁（AnaÏs Nin）

13

# 一杯大吉岭绿茶

## 困境成就了我们

世上最名贵的茶是大吉岭绿茶，它性情乖戾，稍有不慎，茶就会发苦。有人说酒见真性情，这种茶却彰显了我的真性情。

房地产繁荣时期，人们贷款买房，哄抬房价。手头有钱了，有机产品的销量和价格激增，奢侈品成了主流，人们也都热衷于去喝好酒好茶。

看到这可喜的经济局面，我决定将我的茶系朝精品路线发展。听说国内最大的天然茶零售商正四下求购“生态动力产品”（即根据生态动力学种植的产品，这是一种研究生物、环境和人类社会的相互作用及可持续发展的动力学机制与途径的学科。——译者注），对我来说，这是将生态动力种植介绍给广大民众的好机会。他们的采购员对我说：“我们店要独家销售你的茶，打出你的品牌，将生态动力茶推向全国。”

我了解生态动力学，是因为格纳纳的茶园是获得该项认证的第一家茶园，他向我介绍过这种恢复土壤肥力、产出好茶的耕作法。他们用西洋蓍草和春黄菊等有机草料施肥，又在土壤中施以石英晶粒，提升茶叶中的硅含量，增强茶叶的抗癌功效。格纳纳不用杀虫剂，而是在茶树周围种上鲜艳的花朵吸引昆虫。结果证明，混栽既美观又实用。土壤有了生气，再加以精心照料，种的茶生机盎然，不怕任何病害。格纳纳告诉我，生态动力耕作才是恢复环境的有效办法。

我把生态动力茶称为“超级有机茶”，以这种茶为基础，我配制了五个新茶品——蓝莓香草籽、芒果生姜、桃子奇异果以及黑森林浆果。这些茶品的风味非同寻常，颇受寻求刺激和全新体验的茶客青睐，而热情的环保主义者也对它们喜爱有加。我弃用常见的麻纸茶袋，采用了由非转基因玉米制作的可降解纸袋。在一位平面设计师的帮助下，我们一改我们特有的花哨、鲜艳的手绘包装，设计了朴素又不失高雅的新包装。我们认为，产品本身够复杂了，但愿包装能讲述一段简洁的故事。我的新产品迎合了市场需要，而且可支撑奢侈品的社会条件和消费环境业已成熟，所以现在是我一举成名的大好时机。

我知道，采购员和顾客个个都想了解一种茶从种子埋进土里到成品茶泡在杯里，为什么要花费那么多工夫，于是我想方设法地介绍自己参观生态动力茶园妙不可言的感受：原生态的美，广阔天空中的小鸟，花间嗡嗡忙碌的蜜蜂，茶农良好的体质……土壤和茶农、鲜花和茶园、炒茶师和顾客，各种元素和灵魂相辅相成，传递着积极的生活态度。我有过切身体会，所以我认为大家对生态动力耕作法也会有与我同样的感悟。

有了国内首屈一指的天然茶零售商与我们携手，再加上欧洲的一家调味品公司也刚与我们签了约，我们的茶需求量一下子大了起来。"这个系列产品一准会大获成功，"我告诉部落，"我们引领了整个行业！我们创造了一个门类！"

全球的生态动力茶园数量屈指可数，由于害怕原料断货，我们进了足够用一年多的原料，光是大吉岭绿茶就采购了相当于格纳纳的茶园一整年的产量，再加上萃取香料、精油、香草豆、生姜段、芒果和浆果精心配制，最后装进玉米纸袋，小心翼翼地手工装罐。这道工序要格外小心，马虎不得，因为可降解纸袋不像尼龙袋，很容易撕破。在我们的精心打造下，这个茶系的“色香味意”俱全，可以说登峰造极。我们个个得意扬扬。

第一个月就是一个开门红，订单纷至沓来。媒体称我们开创了一个新门类，一项可持续发展的最高标准。《品牌周刊》称这个系列“在货架上令人眼睛一亮”。一位评论员写道：“这是我尝过的最新鲜、也是最可口的绿茶！”

销量陡增，部落的每个人都早出晚归，但大家都兴高采烈。我们在墙上贴了一张大表，统计每天的销售量，只要看它一眼就令人开心。我在每个人的办公桌上放了一个铃铛，每销售一笔，他们就摇一下铃，我们全体鼓掌欢呼，我甚至带着他们上街喝酒庆贺。我憧憬着发一大笔年终奖，让他们过个好节。我想象着我的银行余额终于不断增加。我的超级有机茶深受欢迎！我是创办了一家超级公司的超级女人！不错，是我！

紧接着，股市下跌，订单不见了！就像滴在滚烫沥青路面上的一滴水，瞬时难觅踪迹。由于我们的茶价格过高，产品出现了滞销，零售商不再下单，甚至有抽样调查称，人们对只能泡 15 杯却标价 12 美元的茶颇有微词。他们说，消费者除了面包、黄油、牛奶等基本食品，其他的一概不买。我们从销量最高的一个月直接跌到了谷底。

我躲在办公室，蜷在椅子上，浏览着网上的财经新闻，心中一片茫然。一家接一家银行倒闭，政客们为紧急融资争论不休，人们负债累累、房屋资不抵债。再没有人关心地球另一端的一个国家的健康土壤梦。我绞尽脑汁，想办法扭转销售额，想让生态动力茶适应这个新市场，但不论我盯了报表多久，上面的数字始终一动不动。产品稳坐货架，被一位零售商称为“博物馆的珍藏品”，意思是说它销不动，而我的流动资金全都牢牢地套在了这些销不动的货上。

在办公室坐了一个星期后，无计可施的我一头冲了出去。迈着沉重的脚步走在平时散步的小路上，我脑海中闪现出一幕幕极端的场景。给部落放假，或者再坏一些，将他们解雇，关门大吉……我不敢想他们收拾办公桌走人时的愁容。

站在俯瞰小镇的观景台上，我眺望着附近的乡村，想不出别人如何应付金融危机。上一次经济大萧条，一家高档红酒公司将他们的标签改成了沙尘暴图案，将他们的高档葡萄酒改名叫“暴跌红”，将价格从 25 美元降至 5 美元。我那时候年纪虽小，但对它记忆犹新，那实在是一个精明的妥协。

可我不愿意将我的超级有机茶改头换面。我将它推上了高端货架，如今它却一落千丈。如果它真的摆上打折店的清仓货架，被商场采购人员或奢侈品消费者见到，我们公司岂不成了笑话？他们会不会怀疑生态动力的价值？

格纳纳花了20年才建成了他的生态动力农场，但在短短3个月内，倾注了我心血的生态动力茶系就在西方市场铩羽而归。

这时候，是应该狠下心肠，降低薪水，加强营销，保护这块牌子，还是打折贱卖，先保证能给部落发出薪水？我左右为难。

“你忘了吗，珍娜，”我站在山顶想，“就在不久之前，为了填饱肚子，你不是还在打折店找半价商品么？穷也好，富也罢，你还是你。高档货也好，地摊货也罢，你的茶是你爱的延伸。此时，人们比以往更加需要疗愈和安慰，谁管它从哪儿买来的。”

急于求成让我遇到了挫折，挫折让我想起了自己的身份：我是一个靠买打折商品长大的姑娘。一场大萧条又让我回到了从前，那时候，我做服务员的妈妈和在美国林业局做消防员的爸爸将一分钱掰成两半花，供我和几个兄弟吃饭。我深吸了一口气，心想 :“如果打折店在大萧条期间生意兴隆，我们为什么不去？对现在的我来说，高档一词意味着‘破产’。不论我们肩负什么使命，如果大萧条后我们公司关门歇业，又谈何使命？”

把茶卖给折扣零售商让我们度过了这一难关，实际上是他们救了我们一把。我们的茶不赚钱，我们的品牌在只想要紧俏货的人那里吃了亏，但我们开阔了人们的眼界，让人们认识了生态耕作法的益处和优点。我们培养了一群新客户，当经济开始回暖时，他们成了我们忠心耿耿的常客。

## 杯子格言

**困境能展示我们最优秀和最高尚的一面。**

困境能展示我们最优秀和最高尚的一面。我原以为我希望走小众路线，只做精品茶，但经历了这次失败，我发现我更愿意随和、平易近人。超级有机系列茶的失败进一步证明了我的本性，证明了谁才是真正的朋友，谁乐于接受我为人处事的方法。我的使命经受了考验，困境荡涤了那个一度自恃清高的自我。

深陷困境不能自拔的时候，自我保护是我们的天性。不过，如果困苦让你放下架子，而不是麻痹了你，你就不难发现自己的真性情。失败在所难免，东方不亮西方亮。我们在哪儿跌倒，就从哪儿爬起。

我的好友布伦达在落基山地区代理我的茶叶，这位顶级的销售员始终让我觉得我的茶受到了悉心的关照。有一天，布伦达发现自己做不下去了，一天 14 个小时，鲜少有时间陪 3 个孩子，一段失败的婚姻让她身心疲惫。困境中，她审视自己的生活，发现它与自己的价值观相悖，她意识到自己的整个人生必须做出改变。于是借着这股劲儿，她自力更生，白手起家，四处奔走，一手创建了一家一流企业，如今她代理着 60 个产品系列，业务覆盖 10 个州，雇员遍及落基山地区和西南地区。布伦达的诚实、独立和幽默影响了每一个员工和她的 3 个孩子。

布伦达常说："困境常有，它贯穿你的人生，不会消失，但也别让它吓住了你。有时候，你只能悲伤、反省，喘一口气，稳住心绪，然后再想个办法，采取行动予以反击。"

## 练习：总结你应对困境的品质

回顾你人生的艰难时刻，看看你是用什么方式应对困境的，记下你赖以渡过难关的品质。

（1）情况不妙的时候，我靠 ____ 渡过难关。

（2）困苦和难题证明了我 ____。

（3）我佩服自己 ____ 这一性格。

（4）身处困境的时候，人家还指望我 ____ 呢。

梦想成为什么样的人，不是随意想想就能实现的；不经过捶打和锻炼，就不可能变成理想的模样。

——英国历史学家詹姆斯·安东尼·弗鲁德(James Anthony Froude)

转变观念，坚持原则；换掉叶子，但根不能动。

——维克多·雨果（Victor Hugo）

14

# 一杯自我认可茶

## 总结自己的闪光点

每年年底，我都迫不及待地打电话给爸爸，向他汇报公司的业绩。电话一般都是这样的：我竭力装作平静但又掩饰不住兴奋地说："爸爸，你猜怎么着？我们今年卖了 25000 美元的茶！"

爸爸用他一贯单调的声音说："不错，珍娜。"

爸爸退休后闲不住，在旅游淡季替国家森林修筑消防通道。我办公司这些年千辛万苦，销量连年翻番，每年我都盼着这个数字大到吓他一跳，给他个惊喜，但他始终无动于衷。

我们突破 10 万美元那年，我知道这个电话能让他好好地夸奖我一番。

"爸！爸！"我说，"你坐稳了吗？因为我要告诉你一个好消息，天大的好消息！"

我从没见过这么大一笔钱，我们一家人谁也没挣到过，我连想都不敢想。我把数额告诉了他。

“不错，珍娜，”他说，接着又问，“不过，这是你的销售额，你挣了多少呢？”

“好吧，你要是这么说，我挣的钱只够付房租。”

“哦……你在那儿受苦了吧？”他问。

到了来年，我的销售额上了百万。这是一大笔钱，一个实实在在的成绩，我最大的梦想是这辈子见证女性经营的企业纷纷跻身百万收入圈，如今我为这个数字贡献了一份绵薄之力。我欣喜若狂，不能自己，把店里的人都拥抱了一遍，然后三步并作两步地跑回办公室，给爸爸打电话。

“爸，你猜怎么着！”我喊道，“我们的总收入达到了100万美元！你信吗？我们成了行业的佼佼者！！！”

“不错，珍娜。”他瓮声瓮气地说，接着又是一阵沉默。

我扶着椅子坐了下来。“收入达百万的女性经营的企业不到2%，你知道吗？”我语气中忍不住透出了埋怨，我不高兴了。

“是么？嗯。”他又沉默了一阵，接着问道：“你的房东还没留消防通道吧？你要知道，万一发生火灾，你怕是要成为受害者了。”

我一下泄了气，无从发火。爸爸不懂我克服的困难，险些让我心碎。

我挂了电话，望着7位数字的销售额，发现它不再那么了不起。我计算了一下，要卖2200万杯茶才能达到这个数！对我来说，每一杯茶都那么重要，但我人生中最重要的一个人——爸爸却不在乎。

我实现了自己梦想，却尝到了别的女人体会不到的伤感。我始终得不到我一直盼望的——爸爸的认可。我发誓再也不给他打电话。我伤心欲绝，但不打电话并不能抚平我的伤痛。这时，我的导师为我指点了迷津。

“你身外的一切都给不了你内心的安慰，”他说，“自我认可的人不指望外人认可他，因为没有外人的认可，他们也了解自己的价值。”

我就希望成为这样一个人。“自我认可”，我喜欢这个词。那些天，我在心中一遍遍地念叨，希望在心中磨砺出一枚指向成功的指南针。

我去看心理医生，学习导师送给我的一摞心理自助书。我煞费苦心地提升自信，试着安慰自己。这虽然不容易，但我开始接纳内心的渴望。

那时候，我喜欢的一家名声赫赫的杂志《返璞归真》(*Real Simple*) 报道了我的格雷伯爵茶。他们从 200 种茶叶中挑出了它，称它是“全国最好的格雷伯爵茶”！这是一个好消息，是实实在在的认可，这种认可带来了雪片般的订单，我迫不及待地想打电话向老爸报喜。

但我心里的声音却要我矜持，于是我坐回椅子。接着，我的手还是迫不及待地伸向电话，于是我出门散了很长一段时间的步。一回到家，我就翻出本子写日记，陪塞奇玩，为他读诗。等他睡熟了，我坐在地板上开始冥想。我心里依然蠢蠢欲动，忍不住想给爸爸打个电话，我点起了蜡烛，接着又收拾了家具，整理了墙上挂着的几幅画……只要不让我拿起电话，干什么都行。

第二天，我关上办公室的门，打开一罐格雷伯爵茶。它醇美、令人神清气爽的芳香填补了我空落落的心，让我内心充满了喜悦。

过了一段时间，我要去斯里兰卡的茶园收茶，于是打电话想问问我出外那段时间，妈妈能不能替我照看一下塞奇。

电话通了，是爸爸接的。

“嗨，爸，我妈呢？”

“她出去了，等她回来，我让她给你回个电话。”

我告诉他我要出远门，他依然不动声色，但我不在乎。

“你还好吧？”他问。

“哦，好着呢，”我答道，“就是忙了点儿。”

“那好，这世上只有勤勤恳恳的人才能成功。”

我闲扯了几句：“对呀，用手推车为卡车装货再也不行了，所以我们上个星期买了一辆叉车。”

“是吗？！”我平生第一次听到他声音里出现了一个升调，“一辆叉车？啊，太好了！电动的还是汽油的？操作室什么样？旋转半径多大？你们要装几层货架？”

他……问得真起劲儿！

“怎么？！”我心里大声抗议，“你这会儿满意了？100万美元挑不起你的兴趣，一辆叉车却让你开心得什么似的！”

我眼前浮现出他的脸，在那顶没见他脱下来过的帽子下眉开眼笑，我不由地哈大笑。“当然，”我心想，“重型设备，那才是一名消防员和筑路工感兴趣的东西。”于是我尽情地与老爸畅谈了一番叉车。

## 杯子格言

**我从一口永不枯竭的井中汲取爱和赏识，**

**我的每一次呼吸都是对我的认可。**

在你的生命中，是否有某个方面是你一直希望得到认可的？也许你想不起来这是什么时候的事了，但认识到自己渴望被认可的内心，能解开你依赖外因给予动力的心结。

自我认可之后，我一扫失落和空虚，不再寻觅难以捉摸的安慰。我放下了对父亲的芥蒂，转而去欣赏他、了解他、认可他。在我的鼓励下，他创办了自己的筑路公司，有了自己的工程作业车，如今我们讨论的话题是策略、利润、定价和收入，结果呢，他也和当初的我一样，亟须别人的认可。我一门心思地希望得到爸爸的认可，却不知道他也和我一样。两个寻求认可的人并不一定能不谋而合，不过，你为他人考虑的时候，同时也是为了你自己。

你是否有过苛责自己或等着他人关心的时候？你指望得到人家的认可，别人又偏偏给不了你，这时你就要成为自己的依靠。你不妨留意自己需要被认可的优点，然后自己认可自己。一旦你大大方方地表示对自己某些方面的认可，全世界都会跟着认可你。这话听着容易，但做起来是否容易，要看你有没有一个榜样。

我的榜样是我的朋友盖伊和卡蒂，他们俩都是知名的人际关系导师。每次见面，他们都能看到我的过人之处，郑重其事地表扬我，认可我的优点，比如“珍娜，我真的欣赏你投入到每一件事中的热情”，或者是“你知道我喜欢你身上的什么优点吗……”我起初觉得不好意思，但当他们看着我的眼睛，搂着我的肩膀，或者拍着我的胳膊说“我明白你的意思”的时候，我真的很受用。在他们身边，我精神倍增、如沐春风，因为从他们的一言一行中，我看出他们没有小看我，他们只花了30秒去赞扬我，但结果对我来说意味深长。渐渐地我认识到，只要我学到他们的哪怕一点皮毛，我也能欣赏我的员工、儿子和生命中的所有人。一句赏识的话就能让人容光满面，这让我感叹不已。

我们一生中，真正希望得到的不过是归属感和认同感，盖伊和卡蒂成了我理解和认可别人这门学问的榜样。做到这一点并不容易，但我毕竟是我父亲的女儿，我很高兴自我认同让我们父女重归于好。以下是培养这种美德的一个好办法。

## 练习：总结自己的闪光点

找一找自己身上的闪光点。你会做漂亮的插花吗？你的内衣抽屉是不是格外整洁，或者从没忘了给花草浇水？不论是多小的事，只管记下来，然后深挖这些小事表面之下的巧妙之处，那就是你真正的闪光点。请你用这样的句式："我欣赏……"，再加上你的特点。列了 5~10 条后，再回顾一遍。

如果你希望进一步理解和巩固这个练习，不妨为配偶、朋友、老板、家人或孩子也列一份表，挑出他们身上你喜欢的闪光点，与他们分享。认可将巩固你们的情意，对你们影响深远。

我们对内在修养的追求将会改变外在现实。

——希腊传记作家普卢塔克 (Plutarch)

我在这个节目中与将近 3 万人交谈过，这 3 万人都有一个共性：他们都希望得到认可……他们想知道："你明白我的意思吗？我说的你都听到了吗？你觉得我的话有没有道理？"

——美国脱口秀女王奥普拉·温弗 (Oprah Winfrey)

15

# 一杯日本抹茶

## 敢于接受别人的好意

日本抹茶绝顶新鲜的口感在于糅合了荔枝、杏子、白茶、绿茶、地道的绿茶粉和香茅草的独特风味。这是一种养生茶，有增强免疫力、抗衰老和宁神的功效。抹茶中含有丰富的茶氨酸，能祛除杂念、缓解焦虑和消极情绪。茶中的细粉还有抚平你心灵创伤的功效。

这种配制茶的灵感源于一位素不相识、为我端来一杯茶的好心人。当时，塞奇要做一个手术，我希望这是最后一次，是他整整 4 年的苦难和没完没了的手术的终结。

我当初开办这家公司，就是为了拯救塞奇，为他攒医药费。公司的团体医疗保险惠及了塞奇，这也是一个了不起的里程碑。我拼命地工作、吸取教训，都是为了他的健康和平安。在那次决定性的手术前，我无时无刻不心思重重。我担心手术后他的情况也不见好转，担心我帮不了他，担心一个月一次的检查结果是坏消息。我把自己弄得紧张兮兮，凡事都要掂量一番，生怕它影响我儿子的身体。我想方设法地控制塞奇周围的环境，给他吃有益肾脏的食品，只要能弄到有助于肾脏健康的天然补品，千辛万苦我也在所不惜。我只想着掌控，不管走到哪儿，都要把那个小人儿带在身边。除了看过不计其数的专家门诊外，我还访遍了附近的江湖游医，我负债累累、越陷越深。

除了格纳纳，只有我的家人、塞奇的父亲和我的部落知道塞奇的病，因为我不敢对外人提起。和许多孩子生病的妈妈一样，我甚至荒谬地猜想他受苦是不是因为我怀孕期间做了什么错事。

手术那一天终于到了。在加州大学洛杉矶分校手术室的候诊室里，慈眉善目的丘吉尔博士从我怀里抱起塞奇，拍了拍我的肩膀，笑了笑，要我放心。

“好啦，你要出去 4 个小时，”他说，“在这之前别回来。”

“不行，那可不行，”我说，“我要待在这儿，万一他需要我怎么办？”

上一次手术让塞奇的病情雪上加霜，所以我要待在候诊室，免得再横生枝节。我放下茶杯，拿起一本杂志，铁了心，哪儿都不去。

丘吉尔博士平静但又不容反驳地说：“你要明白，你现在除了照顾好自己，别的忙都帮不上，去晒晒太阳吧。”

塞奇朝我扑来，我忍不住放声大哭。

丘吉尔博士没有心软：“去吧，我可不是说着玩的，你非走不可，现在就走。你着急也于事无补，4 个小时后再见。”他看着我，抱着从他的肩头望着我的塞奇，转身走了出去。

我推开一道道门，踏上了医院外恍如棉絮的水泥路。4 年中，我无时无刻不在担惊受怕。只要塞奇有个头疼脑热，我都要带他到医院验血，观察他的神色，是不是哪儿疼哪儿痒，不让他碰水，生怕感染了伤口。在我怀里，或者在我眼皮底下，他始终平安无事。

我沿着熙熙攘攘的人行道，围着加州大学洛杉矶分校漫无目的地走。一边忍着泪水，一边专心祈祷，希望手术一切顺利。等我抬起头，一眼看见一个挂着“绿茶屋”招牌的小店，顿时心生感激。一杯茶，仿佛一根救命稻草！我推开门，这是一间抹茶屋，四壁呈淡绿色，一面墙上挂满了茶壶，门口摆着一张玻璃柜台，陈设朴素。一位笑容可掬的服务生说：“欢迎光临，看来你想喝一杯茶吧。”

“请给我来一杯浓茶。”说着，我瘫在墙角一张小台子前的椅子上。我的心在颤抖，我咬紧牙关，噘着嘴，心在隐隐作痛。我想要重拾信心，我相信丘吉尔博士，眼前浮现出他抱着塞奇的画面，想象着又小又瘦的儿子蜷缩在医生宽广、包容一切的怀里。

年轻的服务生将一杯茶轻轻地放在我的面前。我看了一眼，只见碧绿的泡沫抹茶在顺时针旋转。我想笑，却挤出了一个哭脸。我低声道了谢，垂下头，生怕看他一眼，打断了我的祈祷，坏了塞奇的手术结果。

碧绿的茶水飘着清香，仿佛刚采割的青草。我喝了一小口，唇边沾上了泛着泡沫的抹茶，咽下肚的时候，滚烫的绿茶汁抚慰了我的痛楚，集中了我的精神，平抚了我极度纷乱、焦虑的心绪。

茶杯很快见了底。不等我开口，这位年轻的服务生就将另一杯端到了我的桌前。他搅拌着绿色的甘露，我望着茶仿佛土星环似的旋转，好像每一圈都能拂去我心头的一层愁思。

那位年轻人走到我身边，将第3杯抹茶放在我面前的时候，我抬起头想要拒绝——我不知道身上的现金够不够。

他伸手拍了拍我的肩膀，宽慰地笑了笑。“我请客。”他说。

他的好意松弛了我紧绷的神经，顿时，我的眼泪仿佛决了堤的洪水。我抓起一张纸巾捂住脸：“真过意不去！因为我儿子……”

“我明白，到这儿来的妈妈不少，这儿是遇到难处的妈妈们的避风港，她们常常满面愁云地进门，带着些许笑容离开，卸去了一分重担。我为她们端上抹茶这杯良药，仅此而已。”

“你是怎么知道的？”我不屑地说。我看他的年纪肯定不到 20 岁。

“刚从医学院毕业那会儿，我就一心想做个小儿外科医生，”他说，“我在这儿打工挣生活费，渐渐明白了茶的功效。”

再喝一口，我脑子里浮出一个念头：“今后不论遇到什么难处，我都能承受。”

我走进儿科病房的时候，只见丘吉尔博士笑容满面。他拉着我的手：“手术顺利！”

他的话仿佛一股暖流，流遍了我的全身。近 4 年来，我第一次松了一口气。

塞奇躺在病床上，尚未清醒。我坐在他身边，望着穿进他小手腕里的输液管和小肚皮上穿出来的导尿管，不禁俯下头去，放声大哭，坚强的外表四分五裂。我哭了一个多小时，将忍了这么多年的泪水一次宣泄出来。

忽然我听到了一声低语："妈妈，会好起来的。妈妈，我说话算数。"

塞奇睁开清澈的绿眼睛，满是关心。我露出了笑容。

要不是一位聪明的医生"狠心"将我推上街头，我不可能接收到茶馆那位服务生的好意，振作起精神。我从未这么脆弱，也从未这么坚强。

我拂开塞奇额头上的一绺红发："是呀，是呀，真的呢。"

盲目决定为了儿子而坚强，我险些崩溃。从现在起，我要做个依人的小鸟，时不时地接受无处不在、叫人难为情的好意。

## 杯子格言

**我接受别人对我的好意。**

我们的文化崇尚"坚持不懈""坚韧不屈""乐于助人"，我们任由苦恼锤炼自己，却不敢坦然、平静地接受别人的安慰。当然，这样的我们也帮不了需要我们的人。

多年前，我爱上了一个人，他却不爱我，一天早上，他一个电话就抛弃了我，那天我和塞奇还打算陪他看烟火呢。我找了个人帮我照看塞奇，然后躲在浴缸里哭了一天，一边哭，一边打遍了朋友们的电话，对着电话，我泣不成声。老天，他可是我的唯一！到了最后，朋友们都不肯接我的电话了。

那天晚上，我收到了一个大型派对的请柬。我心想，既然塞奇有人照顾，那我就去吧。我十足一副怨妇模样，画了十几层眼线，掩饰我肿得像足球似的眼睛。我要去宴会昭告世人，那小子抛弃了一个好女人！

宴会上，我捧着一杯酒，躲在暗处。一群女士在一起跳舞，她们漂亮，充满活力，打扮入时，玩得尽兴。我心里空落落的，她们却非常充实！一曲终了，一位个子高挑的女士走了过来，对我说："你好呀，小女神，你在这儿干什么？我们跳一曲好不好？"她灿烂的笑容又触到了我的痛处，我说："我今天被人甩了，我觉得自己再也不会爱了！"她一把拽起我，搂着我说："哦，小丫头，那还不简单，你只要闭上眼睛，当自己 40 岁了，不就结了！"就这样，我认识了松内·贾斯蒂斯和一群被她亲切地称作"奥海女神"的朋友。

她邀我第二天去她家。当我赶到她漂亮的家时，"女神们”已经恭候多时了。松内硬是要我戴上她的女神项链去享受阳光，我看着自己脖子上坠着一大堆红宝石、绿宝石和蓝宝石，一时无语——我这辈子也没这么阔绰过！松内说，投资珠宝是一种疗法，因为珠宝首饰能慰藉一个女人的心。她说要将我们塑造成令人心动的女人，不妨想想埃及艳后克利奥帕特拉、戴安娜王妃、红毯上戴着海瑞·温斯顿（Harry Winston，美国珠宝品牌。——译者注）的一众女星。松内的这串项链是个古董，按照她的说法，能唤醒我们似水的柔情。真灵验，松内和那帮“奥海女神”们用珠宝庇护我和塞奇的时候，我不再伤心欲绝。

这些年来，松内一直以身作则，告诉我要允许别人向自己表达好意。有段时间，我的茶叶需要大力推销，她送了我一件粉红色的毛绒长袍，要我穿着它在家打推销电话，结果我真的拿到了一家大型连锁店的一笔大订单！

一年圣诞节，松内邀请我去她家互赠节日礼物，谈谈心。每逢节日，我都神经紧张。我拿不出钱来买礼物，只好希望人家也别送我礼物，免得我到处找买得起的东西回赠。我送了朋友和家人好些茶，但令人哭笑不得的是，松内不喝茶。我只好跑到附近的商场，为她买了一个小小的水晶球。

坐在她的客厅里，我们互赠礼物。她首先打开了她的，对着这个小小的水晶球一阵大呼小叫，仿佛它是宝石中的极品。有她的夸奖，不是极品也成了极品。接着轮到我了，我打开了礼物——是一串女神项链，一串真正的项链！货真价实的黄金、宝石和珍珠组成，手工精湛。我惊得一时找不着下巴，这是我平生得到的第一件真正的黄金首饰。

相比之下，送给她的小礼物让我觉得难为情。我想把项链还给她，免得这辈子也还不了她这个人情，但她却硬是要我戴上，接着又戴上了自己的项链，我们端着酒，和着音乐的节拍围着房子跳舞。她不时拿起那个小小的水晶球，挥着手，对我谢了又谢。那天晚上，松内不知怎么就教会了我，钱是激励人的工具，而不是吃人的老虎。

我一贯固守一成不变、互利互惠的教条，从不敢接受过于厚重的礼物。我始终认为，我接受的礼物、赞誉和时间，都应如数奉还。但实际上，向你付出好意的人往往只是出于善意，除了你真心的感激，他不图任何回报。松内的厚礼治愈了我拒绝友谊和关爱的“穷人心理”。

你是敞开了杯子，等着接受？还是倒扣着茶杯，将他人的好意一概拒之门外？

## 练习：一杯幸福茶

你不妨稍坐片刻，喝一杯茶，想象一个意想不到的人将力量注入你的身体。吸一口热茶的蒸汽，放下心中的芥蒂；敞开胸怀，吐气，放下你心头的压力。闭上眼睛，回想曾经别人对你的善举：你最需要的时候给你的一个拥抱、一件礼物、一句夸赞、一个抚摸，等等。在你的脑海中观察对方的每一个举动，再将它纳入杯中。睁开眼睛，喝一口茶，接纳他人对你的好意，让它滋养你，别忘了他人对你的情谊，将爱注满你的茶杯。

我们是茶杯，经常被人不声不响地斟满。其中的奥妙在于懂得如何翻个身，展露你优秀的品质。

——雷·布莱伯利 (Ray Bradbury)

我们往往低估了一次接触、一抹微笑、一

句亲切的话语、一双倾听的耳朵、一句真心的问候，或者一个微不足道的关心的影响，这些都能转变人生。

——利奥·巴斯卡利亚（Leo Buscaglia）

16

# 一杯承诺茶

## 茶园婚礼

斯里兰卡哈普塔勒雨林里，茉莉的藤蔓缠绕着高大的茶树。手工扎制的白蝴蝶茶散发着夜来香飘忽的清香，撒入茶中的小白花犹如香吻，徐徐绽开。华灯初上，星汉璀璨，袅袅茶香令人敞开紧闭的心门，捧一杯好茶，如同捧着整个世界。

我迷上了一个叫杰勒德的男人，我简直不敢相信他也爱我。他英俊潇洒、彬彬有礼、通情达理、事业有成、风流倜傥，甚至幽默风趣。他在外面常常一身西装，打着领带，活脱一位专业人士；到了家中，他又体贴入微、热心家务，吃完饭常常抢着洗盘子。我可没空在一个没正经的男人身上浪费时间。我是一个单身妈妈，名下有一个蓬勃发展的小公司，所以第 3 次约会，我带上了塞奇。我们在马里布（Malibu，美国小城，位于洛杉矶西部。——译者注）的天堂湾海滩见面，他只用了一包法式炸薯条就买通了塞奇，这小子毫不保留地揭了我的老底儿。

快满 5 岁的塞奇向杰勒德表明，他不允许另一个男人伤妈妈的心。第 4 次约会，在好莱坞圆形剧场的星光下，塞奇问杰勒德是否爱我。

“爱呀！”杰勒德配合着塞奇严肃的语气说。

塞奇想要个证明。他指着一名威风凛凛的保安说：

“如果你爱我妈妈，就去亲一口那个大个子女士的脸。”

杰勒德毫不犹豫地走向那位保安，向她解释了自己领的命令。她一改严肃的表情，亲切地伸出脸颊，让杰勒德去亲。

塞奇心满意足地抱着膀子，在他的心中，这事儿就这么决定了，但在我的心中，疑惑的战争才刚刚拉开帷幕。

这个人太优秀了，他每天早上 4 点钟起床，从不酗酒，做事有始有终。他周游世界，去过特兰西瓦尼亚（Transylvania，位于罗马尼亚中部。——译者注）和伯利兹的蝙蝠洞……他笑起来好像莫扎特。他的朋友一致认为，有朝一日他将是总统人选。

他在奥兰治县一座带游泳池的豪宅里娇生惯养地长大，

我却在毒贩隐匿的街区里，跟一群小伙伴们光着脚追逐打闹着长大。我粗枝大叶、好管闲事、性格彪悍。在美女如云的洛杉矶，他偏偏挑中了一个身材矮小的单身妈妈，她为了自己的小公司，一天忙到晚，住在离奥海一个半小时路程的一间小家庭旅馆。我渴望爱情，但我也清楚，自从塞奇出世后，谁愿意要我这个包袱？男人们发现我无心放下生意、孩子和使命，不能把他们当作世界中心，于是一走了之。这种情况我见多了，所以我加倍地努力，希望吓走他，虽说如果他真的离开我，我会伤心欲绝。他一再向我表明，不管我退多远，他都不肯罢休。

母亲节那天，我们一起去了大苏尔(Big Sur，**美国西部一处著名的海岸。——译者注**)，我们头抵着头，坐在横跨小溪的树干上。不等他说出口，我就答应了他，我又哭又笑，吻着未婚夫的脸颊，我们拉着手转圈。接下来的一个小时，我一遍遍地重复“未婚夫”这个美妙的词，只觉得甜如蜜糖，还有一种踏实感——我们终于成了一家三口。

我想起了几年前许下的诺言。我说：“杰勒德，我答应过我们在斯里兰卡的茶园经理格纳纳，有朝一日我结婚，我要在他的茶园举行婚礼。”见他皱起了眉头，我顿了顿，又接着说："我必须信守承诺。我知道你希望在这儿结婚，有家人的见证，我的要求很过分……但我已经答应了格纳纳。"

他转身望着我："珍娜，我们订婚还不到一个小时……"

"但那个地方对我来说很有意义。"我恳求道。

"宝贝，"他低头看着我的脸，"这是个好主意，没有家人，没有期许，没有杂七杂八的事，在茶园办一个小小的婚礼，听着就很完美。"

我松了一口气，这说明要做什么，他心里有数。

我告诉格纳纳这个消息的时候，他豪爽地哈哈大笑。我仿佛看见他在电话那头笑着说："珍娜，你没有食言，现在由我们来开启你幸福的婚姻生活。"但我刚宣布了婚期，定下我们去斯里兰卡的行程，诸事就开始不顺。首先是杰勒德的珠宝商弄丢了用来制作结婚戒指的 4 克拉蓝宝石，就在我们眼皮子底下不见的，几天后换了一枚寄过来，宝石又出现了裂纹，所以杰勒德没戒指可戴。乘出租车去机场的路上，我戒指上的宝石也不见了踪影。我和塞奇拥别的时候，我心爱的项链断作了两截，紫水晶串珠统统掉进了机场的下水道。接着，海关又不准我们登机，因为我的护照有效期少于 6 个月，我们在洛杉矶政府大楼待了 4 个小时，希望赶紧补办一个。这期间我一直哭个不停，害怕一切过于美好，到头来却、恍然如梦。

我们总算赶到了斯里兰卡的时候，婚期都过了 6 天。在格纳纳那间俭朴的办公室里，他摇着头说："珍娜，你是她们中的一员，我们希望你能打扮得与她们结婚时一样。"

他拿起我精致的绣花沙丽对着光线，亮闪闪的水晶显得奢华且不合时宜，虽说不久前我还为它洋洋得意，但现在它却显得浮夸。当时在科伦坡一家沙丽店，我这个新娘一时忘乎所以。沙丽店主从衣架上摘下精美的沙丽，一件比一件昂贵，最后店主跑进内室，取出一件手工绣制的黄金施华洛世奇水晶沙丽，我哪有不买的道理！

这件沙丽的花费虽说与美国的结婚礼服不能比，但却远远超过一名茶农一年的收入。我崇尚公平贸易，自己却有失检点，可我又担心杰勒德认为我不够重视婚礼。

更意外的是，我和杰勒德原打算举办一场朴素、不张扬的小型佛教婚礼，但格纳纳却说我们要举办的是泰米尔印度教仪式，因为那是茶农们的信仰。婚礼将在茶园的拉克希米庙举办。拉克希米女神呵护穷人，保佑他们富足、幸福。我欣喜万分，因为我在公司到处悬挂着拉克希米的画像，还在我的办公室为她安放了一个大祭台，供奉着牛奶、蜂蜜和鲜花。她安详地注视着我的部落为了销路而奋斗，我们认为我们每天创造的奇迹都承蒙她的庇佑，她是我们的福神。

谁知很快又节外生枝。印度教僧人通知我们，他为我们主持婚礼前，要算算我们的生辰，看看我们是否般配。是否般配？现在说这个是不是有些晚了？我可不想僧人替我们看生辰，我们这几个星期够倒霉的了，要是他看出了我们没有心理准备，或者往坏里说，要是他说我们不能结婚，那该如何是好？

杰勒德看出了我的烦恼，压着嗓子对着我的耳朵说："不论他说什么，我都娶定你了。"

在那座印度教寺庙里商议了一天，最后僧人宣布，我和杰勒德是天作之合，但为了讨个吉利，我们不得不改一改婚礼的日子。泰米尔婚礼必须有一条结婚项链，他们管它叫Thali。

我现在要准备一条结婚项链，买一条新的合适的沙丽，买些鲜花做花束，租一套传统的泰米尔婚庆套装，杰勒德还要定做一枚婚戒。我们现在知道了他的吠陀星象图，还要找合适的宝石，为他带来健康、财富和成功。为了改婚期，格纳纳又要重新安排全体工人的工作。

“那可真费了大事，”我小声对杰勒德说，“我们懂的太少，我心里真过意不去，可怜的格纳纳要操这么多的心。”

“他慷慨仗义，珍娜，他显然对你关心备至。”杰勒德攥着我的手说道。

我回想着与格纳纳的友情，心里充满了感激之情。我只是他的客户，他没有义务替我操办婚礼，他大可以满足我的愿望，在茶园的一个小角落举办一个小小的仪式，但他珍惜我们的友谊，把这当作他们自己人的婚礼看待。圆满的业务关系本取决于经济获益，但格纳纳和我都额外投入了爱心。我信守了我的承诺，格纳纳回馈我的是整个茶园的关注，把我们的婚礼当成 2500 名茶农共同的大事。

当地的沙丽店与我去过的科伦坡那家截然不同。他们没有穿在模特身上、珠光宝气的名牌沙丽，而是像彩虹图书馆一样，墙上摞着成千上万匹五彩斑斓的布料。我看中了一件鲜艳的粉红和金黄相间的缎子沙丽，花了 20 美元。科伦坡买的那件却要了我将近 1000 美元。

我迈进一间墙上蒙着红丝绒的小首饰店，一眼替杰勒德相中了一枚镶着黄宝石的婚戒。

格纳纳说："啊，不错，运气正好！"

"我其实想要一枚蓝宝石，"杰勒德说，"可惜一个丢了，另一个破了。"

格纳纳偏着脑袋："蓝宝石代表严厉的教训，按你的星象，做婚戒不利，黄宝石代表财运、发达、幸福和快乐，对你再合适不过了。"

"至于你的结婚项链，珍娜，我替你挑了一个 om（代表整个瑜伽世界的符号，很多瑜伽行者认为，om 是所有唱颂中最有力量，也最能抚慰人心的一个。吟唱 om 有助于人们放慢呼吸、平稳心跳，甚至能引领灵魂进入更高的层次，对身体和心灵都很有益处。——译者注）符号，保佑你的婚姻生活更加和睦。"格纳纳一本正经地说，接着又补充了一句："你或你丈夫有生之年，你都不能取下来。"

在作坊的后面，3 名泰米尔男子坐在发亮的泥地上，用发黑的小工具制作着精巧的金首饰，他们敏捷的手上下翻飞。格纳纳向一位工匠说了我们需要的首饰，他点了点头，笑了。他对着火焰，做出一个个项链的金环，敏捷地封了口，然后擦去黄金上的黑灰，露出闪亮的图案。我和杰勒德一边看着，一边同声为我们的爱和生活许下一个个小小的愿望，将每一环都注入我们的心意。

我们大方地给了珠宝匠一笔小费，奖励他们的杰作。格纳纳上前谈首饰的价格，项链、om 吊坠和婚戒总共 500 美元。这么多黄金，总共的花费远远少于当初那件结婚沙丽！

婚礼当天的早上，格纳纳的助手、我的朋友尼莎为我穿上定做的沙丽，沙丽太紧，勒得我险些喘不过气。她拉上拉链，扣上纽扣，露出的小腹上顿时挤出了一圈肥肉，特别显眼。

“哎呀，尼莎，这儿可怎么办？”我指着那圈肥肉。

“这才漂亮呢！”她笑着说。

“我们可不这么认为，”我可不想杰勒德看到我像沙皮狗一样的肚子，“我们不能遮起来吗？”

“珍娜，这儿真的很好看，我没撒谎，你就放心好啦。”她拍了拍我的肩膀。

尼莎娴熟地叠好一层层沙丽，别在我的裙子上，又替我戴上镶着珠宝的头饰、耳环、发夹、臂镯、鼻环、手镯、脚链、短项链、长项链，又在我头上别了长长的茉莉花环，一直垂到了我的腰际。

我走进花园去见杰勒德。他一身朴素，奶油色的印度长衫和头巾，配一件印度式的深灰色长马甲，显得低调、高贵，再看我，却仿佛打翻了油漆桶和金线盒。

他盯着我说："你就是我的女神。"然后轻轻地吻了我的脸颊，我拼命地忍住幸福的泪水。

在庙前，几百个人等着我们的到来，茶农们穿上她们最好的沙丽，是那么的漂亮。我拥吻了与我相熟的人。格纳纳领着我们走进寺庙，一路上工人们敲着鼓、吹着号角，采茶女们往我们头上撒着茉莉花。

房顶交叉挂着手工串制的红、绿、黄千纸鹤以及槟榔叶花环，犹如一盏盏吊灯。我站在高高的婚礼台上，望着外面一张张喜气洋洋的脸庞。妇女们逢年过节点在眉心的鲜艳的吉祥痣，随着她们颔首说出一声声"有礼了，有礼了"，汇成一片星光闪烁的背景。

一位茶园经理端来了一个盛着我的项链、订婚戒指和杰勒德婚戒的红丝绒盒子，庙内的每一个人都摸了一下盒子，对着它祈祷几句。盒子传到了我们手里，我们互相为对方戴上戒指，杰勒德又为我戴上项链，它在烛光下闪闪发亮。

按规矩，僧人要杰勒德发誓，他今后视每一位妇女是自己的母亲或姐妹，只有我是他的爱人。然后又要我发誓，今后视每一位男人是自己的父亲或兄弟，只有杰勒德是我的爱人。接着，杰勒德为我披上一条鲜红的沙丽，这是发誓今后一辈子为我买漂亮衣服和首饰。

僧人宣布我们成婚，还告诉我们，我们要做七世的夫妻。听到这，我和杰勒德都笑了。

“幸亏我那么喜欢你！”我说。

我们被领到寺庙的后方，闪亮的圣坛上立着一尊拉克希米女神的石像，披着粉红和金黄相间的绸袍，红色和黄色的康乃馨花环仿佛点点的阳光，撒向她莲花座旁摇曳的蜡烛。她似笑非笑地望着身旁缭绕的一缕缕香烟。

“不论你有什么愿望，你有足足一分钟的时间向拉克希米女神祈祷，”格纳纳说，“你现在求的东西，今后都能如愿。”

我和杰勒德跪倒在地，有了想要什么尽管说的机会，我的大脑反而一片空白。我头顶着地，小声说：“想呀，快想呀！”

我想到的是：“奋斗了这么多年，我想要一栋房子，一个游泳池，一百万美元，一辆梅赛德斯，去一趟巴黎，休息一个月，一辈子不伤心、没有烦恼，至于塞奇，愿他永远幸福快乐……”

我喘了口气，按捺住了怦怦乱跳的心，希望这样能让我们心意相通，让这位高贵的女神听到我的诉求。

但我小声说出口的却是："敬爱的拉克希米女神，为了塞奇和杰勒德，为了帮助我们的好心人，请帮我实现这个愿望——请帮我报答他们的慷慨，请让我的爱更广、更深，请为我指点迷津，让我竭尽所能地支持格纳纳……请帮我……”

平生第一次，除了照顾塞奇，我懂得了我压根儿不是自认为的那种人，我这辈子不是为了我自己，而是为了照顾别人——保护塞奇，呵护丈夫，厚待身边的好人。锡克教徒在黄金庙外施达尔的情景让我深有感触，我想知道他们何以如此慷慨仁慈，我渴望效仿他们，这才是我来到这个世上的目的。

我们被领到了一个铜制的小水桶前。格纳纳说，泥水中放了一枚戒指和一个海螺壳，我们要伸手从水里捞起一样，这个游戏，我们可以玩三次。这下激起了我不服输的脾气，我咧着嘴，冲杰勒德笑了笑，我想要一枚戒指！

第一次，我不费力气就抓到了一枚戒指，而杰勒德却故意捞了那个海螺。第二次，我费了一番工夫，但拿到的还是戒指。第三次，他直奔戒指，但它却径直飘到了我的手中。格纳纳和僧人哈哈大笑，周围的人群也跟着哄然大笑。

格纳纳咧着嘴说："拿到戒指的人为家人招财，拿到海螺的，职责是保护钱财。"

婚礼的最后一个环节是父母或父母代表为我们赐福。格纳纳带来一位印度教长老，他是一位僧人，一袭白衣，额上画着 3 条白色的条纹。

格纳纳介绍说："珍娜，杰勒德，这位是斯里兰卡泰米尔印度教的高僧。"我和杰勒德跪倒在他的脚下，抱着他的脚，没想到这位高僧一直在我们的婚礼现场。

"他代表你的父亲，杰勒德。我代表你的。"格纳纳说着冲我笑了笑，接着又说，"他回来是一件幸事，25 年前，他将这片土地捐给了我们，直到现在，在你的婚礼上，他才第一次回来看看。这是我们的福气。"

我和杰勒德对此十分敬佩与感激。这位圣人为杰勒德的额头点朱砂的时候，我再次向他鞠了一躬，格纳纳和妻子也为我点了朱砂。那一刻，格纳纳成了我婚姻上的义父，我们是志同道合的一群人。我和杰勒德喜结连理，而且要做七世的夫妻。

寺庙外，一张长桌上摆着一个大陶锅，盛着热气腾腾的达尔、米饭和素印度比尔亚尼菜。茶园里的大家庭排着队，耐心地等着我们端上第一盘食物。

我站在领餐台的上首，第一个孩子端着盘子向我伸了过来。我舀了一大勺素印度比尔亚尼菜，装进了他的盘子。

格纳纳对着我的耳朵小声说："珍娜，大方些，多着呢！这是他们平生最丰盛的一次大餐。"

我低头望着孩子褐色的大眼睛，笑着又往他的盘子里添了几勺。

我在机场为丢了珠子着急上火的时候，这边茶农们还指望我坚强起来，帮他们将园子里的茶叶换成配得上他们付出的回报。这片茶园是公平贸易的灯塔，可穷人依然比比皆是，我们还任重道远。"请让我真心实意地为这些人奉献。"我在心里祈祷。

格纳纳说："好了，去吧，坐下来自己吃点吧，举办了一场这么盛大的婚礼，你们想必是累了。"

"不累，"杰勒德说，"我停不下来呢！"

我抬头感激地望着我的新婚丈夫。

他笑着对我说："我终于明白了，宝贝，你为什么这样辛苦，我现在是你的依靠。”

听到这，我不再怀疑。杰勒德现在真的了解我，我说不清的事如今都深入了他的内心：爱心，孩子们的欢声笑语和热情的大眼睛，与我们共度的宝贵时光，这片土地的灵性，以及与格纳纳神圣的友谊。他对我的善意感同身受。上苍对我格外地慷慨，赐给了我儿子、部落以及这些人慷慨的爱，我要毫不客气地一概接受。

我们为每个人盛了两次饭。蓬松金黄的米饭、油汪汪的达尔、油炸蔬菜、黄瓜酸奶酱、酸甜的辣酱盛也盛不完。等大家都吃饱喝足，我们才给自己盛了一盘，坐了下来。

我们的胳膊发酸，都累得够呛，但我们兴高采烈。食物辣得我直流眼泪，整个婚礼期间将掉没掉、油腻腻的黑色眼线膏终于粘到了我的脸上。我从鼻子上摘下吊珠的搭钩，因为辣椒辣得我流鼻涕。

尼莎嗔怪地跑了过来，我险些毁了她的杰作。她用湿巾为我擦眼睛的时候，我咧着嘴，笑得像个孩子。我终于彻底敞开了心扉。

## 杯子格言

**许下诺言，信守承诺，享受神圣的欢乐。**

当初，我不明白我凭什么要不顾一切地信守一个轻易许下的诺言，我花费了大半生的精力想要弄懂我到底做了些什么，结果却一头雾水。

但现在我明白，这是一个“心灵的承诺”，是出于心灵的需要，不论多大的代价和阻挠都要一心信守。这些承诺从你原本浑浑噩噩的生活中清晰地浮现，反映着你的天性。它们不同于礼节性的承诺——那不过是在匆忙中许下的，随之就被抛到了九霄云外。

你许下诺言，又主动信守诺言，那么，你就完整地记住了自己的远大目标，不会因为时过境迁而将它淡忘。

回首你人生中一心要信守的承诺。从你履行的每一个承诺中都能看出你的目标。信守承诺才能展露目标，为你指明道路。

## 练习：承诺的力量

（1）列出5—10个你许下并且主动信守的承诺。

（2）找出你人生中3个或更多你要信守的重要承诺。

（3）对照这3个承诺，请一一回答：你履行承诺的时候有什么感受？通过履行承诺，你对自己有了多少了解？

（4）请再如实回答以下几个问题：这些承诺之间存在什么共性？你履行承诺的时候，有没有类似的感受？

（5）用一个词概括你从信守承诺中看到的共性：启迪，享受，治愈，培养或幸福，不论是什么，都能彰显你的目标。

回顾你郑重许下的承诺，自然能看出你的使命，这使命指导着你的事业、恋爱和友谊。在使命的鼓舞下，虽说你不一定成功，但你将得到才能、支持和爱。这时候，你会将顾虑和恐惧投入大火，付之一炬，为爱腾出一份空间。

爱是一句承诺，爱是一件礼物，一旦托付，永不相负。

——约翰・列侬（John Lennon）

爱让你的灵魂不再遮遮掩掩。

——佐拉・尼尔・赫斯顿 (Zora Neale Hurston)

17

# 一杯希望茶

## 用慷慨消除恐惧

在12世纪的中国，宋徽宗挚爱淡雅的白茶。传说中，宫廷只允许貌若天仙的处女，拿鸟儿一样的银剪从雪白的茶树上剪下晶莹剔透的茶芽。白茶令所有饮茶的国家垂涎，尤其是英国，因为它极其珍贵，人们甚至相信它有使人长生不老、永葆青春的神奇功效。

敬业的茶师傅将白茶枝条带到了世界各地，希望能亲手培育出这种珍稀的茶树。岛国斯里兰卡的崇山峻岭上，格纳纳的生态动力茶园掌握了白茶栽培技术，尽管在此之前，人们确信那里种不出白茶，只有中国福建省的茶艺师才掌握着这门绝技。但经过数十年孜孜不倦的尝试和改良，他们成功培育出了白牡丹茶，令世界各地的茶农羡慕不已。这种茶的茶汤颜色清淡，有着蜂蜜和水果的甜美，又有如茉莉花瓣上滚落的雨水般淡雅的味道，还有着一丝山野淳朴的味道。

每次去格纳纳的茶园，我都要品尝他们配制的好茶。茶厂顶楼的品茶阁里，我眺望茶园对面的群山。我在这里找到了精神家园，在这里嫁给了我心心相印的爱人。

由于年年拜访这座茶园，我与这里人们结下了亲密的友谊。塞奇 7 岁的时候，身体好转了许多，能陪我出远门了。于是我们一道前往这片圣地，兴冲冲地为茶园电脑培训中心带去满满一卡车捐赠品和二手笔记本电脑，供茶农的孩子们学习使用。格纳纳的助手尼莎是这个电脑培训中心的第一届毕业生，她协助格纳纳实现了现代化办公，让他腾出更多的时间投身社会事业，研发新品种茶叶。

制作好茶的古老手艺与培训中心为孩子们带来的先进技术形成的强烈反差，让我深有感触。一名工人要 20 分钟才能扎制一杯白茶，这要下一番功夫培训，还要工人自己肯学这门手艺，心甘情愿地留在茶乡。如果茶园的 530 个孩子都上电脑培训中心，毕了业，有多少人愿意留在乡下，辛辛苦苦地扎制这些茶？看着塞奇通过电脑一头扎进网络世界，我估计愿意留下制茶的人寥寥无几。那么，谁来传承手工制茶的传统工艺？

但与格纳纳一样，我喜欢见到孩子们接触电脑这门新技术时兴奋的小脸和自信的笑容，也与格纳纳一样，为促进孩子们学习电脑而不遗余力。我担心茶园哪天荒废，这个美好的乌托邦会被人遗忘，被技术带来的迅猛发展所淹没，但我仍希望孩子们个个都身怀一技之长。茶和技术能兼得么？从许多方面来说，这个茶园已成了我生命的一部分，我决不能放任它因赶不上技术进步而在飞速发展的世界中被人遗忘。

从科伦坡去往茶园的路上有一条羊肠小道，小道一侧是深达 1000 英尺的悬崖。我一只胳膊搂着塞奇，他小脸儿煞白，睁着绿色的大眼睛，看着司机左冲右突地穿梭在大象、狗、身穿橙色僧袍骑着自行车的僧人，挤着一家子的嘟嘟车，以及紧紧地搂着书赤脚上学的孩子中间。去了这么多趟茶园，这种玩命的旅途，我已经见怪不怪了。

“快到了，小伙子，”我拍着他的肩膀安慰他，“你会喜欢上那儿的。”

我向塞奇介绍了茶园里供 530 名孩子上学的 5 所学校以及一个电脑培训中心。

“电脑培训中心一次只能容纳 10 个孩子，所以我发动朋友为他们捐笔记本电脑。这跟图书馆借书一样，他们可以把电脑带回家做作业。只有这样，我们才能让孩子们都能学习电脑。”

我还介绍了杜尔迦——从学校和电脑实验室受益的第一个孩子，她不久前考上了大学。想到这个漂亮、热情的孩子，我不禁热泪盈眶。我见到她时，她才 8 岁，我和杰勒德婚礼那天，她就坐在我们身边。她如今已经出落成了一个朝气蓬勃的大姑娘了。

“塞奇，如果你生在一个要辛苦工作的农场，你是希望留在那儿，享受大自然呢，还是希望带着掌握的电脑技术，搬到城里去呢？”我问。

“妈妈，我说不好，我更担心掉下悬崖。”

“这些孩子要去上大学，要求职，他们不想留在这片茶园，他们的父母以后要退休，还有……”

一辆车顶爬满了乘客的公交车出其不意地蹭了我们的车，塞奇吓得指甲抠进了我的胳膊。我想起了第一次乘车去这片茶园时，我求司机慢些开，他从后视镜里得意地冲我笑了笑：“哦，夫人，我们国家就是这样开车的。”

几年前来到这片茶园，我仿佛回到了家。在崎岖的山路上颠簸了几个小时，我的人生在紧闭的双眼前一一闪现。我睁开眼睛，看见了挂在山前的瀑布和金碧辉煌的圆顶寺庙。第二天早晨我一觉醒来，倒了一杯徐徐沸腾的红茶，又加了些红糖和热乎乎的鲜奶，之前 30 多个小时的飞行，在机场晕头转向的转机经历，坐车去科伦坡翻肠倒胃的几个小时，都不再重要了。我躺在床上，望着新奇的窗帘，始终为钱和儿子的身体悬着的心似乎放了下来，我深信一切都会好起来。

我们的车终于停在了客栈前。儿子猛推了一把我的胳膊。

“哎哟，塞奇！怎么啦？”

“我差点儿在那条路上送了小命！”他怒气冲冲地捶着车门。

我知道，要不了多久，他就会迷上这个地方。果不其然，第二天他就和这里的孩子们兴致勃勃地讨论起他的最爱：电脑、软件、网页设计和编程，他如数家珍般地对他们说起了这个偏僻的茶园以外的技术和流行文化。

格纳纳陪着我吃手抓米粉、达尔和椰子辣酱。听完我们上次见面后 6 个月来的变化，我迫不及待地向格纳纳道出了我的担心。

“等孩子们上了大学，离开茶园，这里又将是怎样一番情景？谁愿意一辈子采茶和炒茶呢？”

格纳纳笑得像个弥勒佛：“珍娜，‘能看到别人看不到的，才能办成别人办不成的’，这句话你还记得吗？”

我含着一口浸透了达尔的火辣辣的米粉，点了点头。

“那就对啦，”他说，“我们自有办法。”

他开怀的笑容和充满好奇的眼睛一向闪烁着从容和沉着。

格纳纳认为万物都有灵性，值得付出同情和友谊，去公平对待。想当年，一群融资伙伴投资这个空中楼阁般的项目时，这里还是一片了无生机的高海拔土地。他们想要不用农药和化肥，种出高产、不怕病虫害的茶叶，最后确实办到了。他们听说贫穷的当地人绝对成不了高效的生产工人，但后来这些工人非常出色。人们都说他们实现崇高理想的成本太高，但如今，这里成了一个一切皆有可能的明证。当人人都认为希望渺茫时，用格纳纳的话说，他们看见了“看不见”的事物。

他们为贫瘠的土壤施肥，他们养活了民众，为他们提供住房、医疗服务，建造清洁的供水系统，为孩子们提供书本，供他们上学，学习音乐和艺术，让他们拥有一技之长，教育他们不再害怕，免得落入与父辈同样的境地。

格纳纳又为我斟了一杯茶，笑嘻嘻地看着我一筹莫展的脸。

“是啊，我们希望孩子们去上大学，”他说，“就像你一样。要是我们如愿以偿，这一代孩子都能接受教育，跻身上流社会，那将是怎样一番情景？我们不知道给他们什么，以怎样的方式，他们才能珍惜，才能带着学到的知识重返茶园。我与这片茶园的所有人都谈过，最终我们决心拿出行动，开创这个国家的先例。”

我探过身，洗耳恭听。

“我们打算把土地分给工人们。”他往竹椅上一靠，笑了。

“把土地分给他们？”我问，“能行吗？”

“是这样的：每户人家都将成为一片茶园的主人，他们种茶，像经营业务一样经营他们的农场，靠他们在电脑实验室、学校和生态动力种植中掌握的本领，”格纳纳说，“我们从他们手中收购茶叶，像现在一样在工厂加工。你瞧，这给了他们完全的自主权，让他们成为小业主，身上的担子重了，他们反而更加开心。这是一个挑战，但他们都愿意接受。”

顾虑的阴霾被驱散了。让每位工人都成为土地主人，革新大茶园目前的经营模式是惊天之举，茶园所有者打算将自己的资产赠与他人，这是一个大转折。

“我给你说个故事，”他说，“从前，我们刚买下这片茶园的时候，有一位工人希望做理发师，我们就送他去学校学习手艺，后来他回到家乡，在茶园开了一间理发店。他如今为工人们理发，他的发廊成了社区的乡亲邻里集会的中心。他本来可以随便去一座城市，但他想回来，希望为这里效劳，他主动返回家乡，奉献他的聪明才干。”

“这么说，杜尔迦等孩子学到了先进的电脑技术，也会回来教别的孩子？”

“也许吧，但那在于他们自己，全凭他们自愿。我们付出也不是为了回报呀。”

有好一会儿，我们没有吭声，我一边吃，一边揣摩着这句话。我又想起了锡克教徒在黄金庙外的布施，他们为了付出而付出，不是为了救济或觉得自己高人一等。

他接着说：“还有一次，一名工人想学心理学，我们想方设法送他进了学校。他学成后原本可以随便去一个地方做心理医生，但他回到了这里，做了一名社会福利工作者，帮人们排忧解难，他做这些发自内心。我们发现，给他人机会，不图回报，我们不仅得到了仗义而为的馈赠，还收获了意想不到的回报。

“如果你大胆地付出，还有什么好怕的？”格纳纳说。

“这就是改变世界的力量。”我对他说。我们相视一笑。

## 杯子格言

**我慷慨地付出，我的一切需要轻易得到了满足。**

如果你担心钱不够花，请你仗义疏财。如果你觉得自己不够漂亮，请你赞美他人的美貌。如果你担心时间不够用，那就奉献一点时间给他人。如果你觉得没人关心自己，请你关心他人。钱财去了又回，你会拥有美丽的容颜，时间越来越多，旁人会对你关爱有加。

但施舍不等于慷慨。施舍是救人之急，慷慨却是本着为了付出而付出的立场帮助别人。慷慨是持之以恒的行动，施舍是人家有难的时候，偶尔解人家的一时之急。

格纳纳教会了我消除恐惧。我每每自认为快要失败的时候，他教我拥有远大的梦想。我感谢他的团队，工人、教师和公平贸易认证官创造了一片人间天堂，炒制出充满爱心的好茶，让我与世界各地的顾客分享。从我收到他们从茶园发来的第一箱茶叶起到今天，我循着茶叶的轨迹来到了他的身边，我终于领会到了其中的真意。

许多年前，我听过一则天使和恶魔的故事。每每想到如何证明付出和奉献的力量，我都想与大家分享这个故事。

从前，上帝分别在两间大厅宴请一群天使和一群恶魔。宴席非常丰盛，有裹着金黄色蜂蜜的椰枣和无花果，鲜奶做的黄油烤梨，奥林匹斯山上产的上等白茶，仙湖里出产的鱼，珍稀的葡萄佳酿……应有尽有。

上帝走进宴会厅，介绍了一条宴会规则："你们可以享用，吃完再添，你们可以开怀畅饮，美酒源源不断。这是一场不散的宴席，食物营养可口，这是天堂为你们奉上的美味佳肴。"他顿了顿，接着说，"但有一条，一条非常简单的规则……"

天使和恶魔们都伸着头，竖起耳朵，上帝说："你们吃的时候胳膊不能弯，必须是直的。"

说完，上帝关上两个宴会厅的大门，走了出去。

几个小时后，上帝回来查看，老远就听见恶魔们吵吵嚷嚷，打得不可开交。他推开门，只见宴席一口都没动。由于胳膊不能弯，手够不到嘴，恶魔们气急败坏，冲着对方大喊大叫。

上帝摇了摇头，带上门，走到天使那一边，听到的却是欢声笑语和悦耳的歌声。他轻轻地推开门，只见天使们伸着胳膊互相喂对方，食物在神圣的爱中熠熠生辉。他们纵情地享受美食，边吃边开怀地谈天。

上帝笑了，天使们显然领会了其中的真意。

说到人生的意义或荣誉，莫过于服务别人、支持别人。心有所想，行必往之。请你始终坚信天赋的魅力能驱散黑夜。在一路摸索、实现自己宏伟目标的路上，请别吝啬自己的学识，为别人指一条路。雕琢、祈求、证明、寻求祝福，心生感激，保持一颗平和的心，赞美你的工作，与人合作，保持一颗好奇心，赞美成功，欣赏和认可，接受别人的好意，让你的心灵做出你真心信守的承诺。请你记住，慷慨是医治悲痛的一剂良药。岁月如茶，人生百味，行走在各自的人生旅途上，我愿你一路平安。

对未来真正的慷慨在于把一切奉献给现在。

——阿尔贝·加缪（Albert Camus）

# 尾声

## 分享茶和故事

在我的故乡，妇女们常常乘着大篷车去赶茶会。她们将五颜六色的马车停在遍地黄花的草地上，围成一圈。铃儿叮当，香气缭绕，孩子们欢声笑语，小溪一路欢唱。茶会的东道主用铜壶盛水煮茶。妇女们在马车之间挂上花环，花环上吊着茶罐，装着香烛，为聚会照明。她们从一辆马车跑向另一辆马车，拎着层层叠叠的裙裾爬上台阶。她们分享首饰，互相帮忙穿上绣花的绸缎胸衣，披上精美的针织披肩。她们在额头中间悬戴一枚亮闪闪的首饰。她们调配精油，在脉搏跳动处抹白广藿香、紫丁香和桂花香。她们脚上戴着趾环、发间插着鲜花，皮肤光洁闪亮。

太阳下山，天空一片粉红的时候，东道主宣布茶会开始。妇女们围成一圈，拍着手，互相拥抱，享受着视觉的盛宴。

当中一张小桌上放着茶点和在小蜡烛的映衬下闪闪发光的玻璃茶壶，空气中荡漾着佛手柑、茉莉、薰衣草和玫瑰的芬芳。

穿戴一新、春风满面的妇女们端着多年来珍藏的各式各样的杯子，品着芳香浓郁的茶。她们感谢大地母亲，为精心采摘茶叶的妇女祈祷，一同赞美她们的仙茗。

这些年，我扮演东道主的角色，在美国、加拿大各地，甚至在冰岛为人们带来了一场场吉卜赛茶会，其中最令人难忘的要数在纽约 ABC 家居仓储店举办的那次。这次茶会是为了庆祝伊芙•恩斯勒（Eve Ensler，美国剧作家，表演艺术家，女性主义者和社会活动家。——译者注）的百老汇剧《美好身体》（*The Good Body*），她在剧中安于自己的身体，与胃一道同身体讲和。为了呼应这出戏深远的主题，我请来了高矮胖瘦、老老少少、各个种族的肚皮舞者，展示和赞美女性的美。地道的肚皮舞团让人一饱眼福。

有数百名妇女参加了这次茶会。我们品着茶，听着故事，围成一大圈，学习肚皮舞。我们给身体写情书，挂在场地中央的一棵树上。

肚皮舞绝不只是为了供男人观赏，它也有利于女人的产前准备和产后康复，再配上一杯茶，效果更佳。肚皮舞燃烧了自我，茶又放松了心情，巩固了姐妹间的情谊。

想当初，我还是一名孤苦伶仃的单身妈妈，吉卜赛茶会不仅开启了我的事业，点燃了我创新的热情，还真诚地邀请别人走进我的生活，分享茶和故事。吉卜赛茶会妙趣横生，不仅给我，也给了我的朋友一个畅所欲言的机会。

**准备吉卜赛茶会的几个环节：**

**请柬：**亲手写的请柬是茶会上的一道靓丽的风景。我最喜欢的是带棕红色签名的卡片，别致又有着异域风情，是吉卜赛茶会请柬的首选。你也可以自己制作请柬，通过邮筒寄出。如果你时间充裕，甚至可以亲自将请柬送上门。请柬最好提前一个月寄出，并说明这是一场吉卜赛主题的化装舞会。

**首饰：**作为东道主，你可以在场地入口处准备一些眉心痣（可粘贴在额头的一种小饰物），朋友们来的时候，我一般会请她们自己挑。眉心痣给这个活动增添了一份有趣、神秘的韵味。另外，我要么请参加者自带披肩，要么在门口提供。我喜欢提供末端坠着硬币的、叮当作响的披肩，随着臀部的摆动，硬币会发出悦耳动听的声音。我还喜欢彩粉，我常常准备一小盘彩粉，供朋友们抹在胸口、胳膊、手脚上。

**布置：**圣诞彩灯、纸灯笼、（插在空的吉卜赛茶罐中的）鲜花、小圆蜡烛等都能增添吉卜赛格调。随意地摆放一些色彩鲜艳的坐垫，在任何一个房间都能营造出慵懒的效果。我一般用坐垫、矮桌和摩纳哥蒲团，客人们像进了一间异国茶馆，懒洋洋地坐在地上，别有一番乐趣。

**茶壶和茶杯：**你不妨请客人自带茶杯，要是她们没有，那就多准备一些，随她们挑。好看的茶杯我一次只买一个，绝不重复。我喜欢看着朋友挑选钟情的茶杯。请客人讲一讲她们心爱的茶杯的故事会是个不错的主意。

**插花：**我常常在院子里采些白玫瑰、茉莉、薰衣草、迷迭香、一串红、白色香橙花、柠檬马鞭草和木芙蓉做插花。不论你家在何处，尽量用应季的野花，科学证明，人看到野花时更加开心。如果希望富于创意，你就别吝啬色彩！我喜欢拿空茶罐作花瓶，但是用花瓶还是罐头瓶，全在你喜欢。

**娱乐项目：**吉卜赛茶会的娱乐项目不受限制，你可以请音乐家、肚皮舞娘，也可以请美甲师。古典或西班牙吉他演奏家适合轻松的场合，如果跳肚皮舞，要请中东的鼓手。我曾沐浴着阳光，举办过大型的茶会，娱乐项目应有尽有，也举办过没有娱乐项目的、私密的小型聚会，但都大获成功。

作为东道主，茶会的风格全由你把握。

你最好请一位肚皮舞娘，请她教客人一些简单的动作，让大家一块儿跳一曲。我举办的活动，请的多半是我的前肚皮舞教练贝丝·阿明，她身兼教练和肚皮舞娘，常常逗得大家开怀大笑，让人觉得酣畅淋漓。别忘了，这是为了让女士们化解压力，放松大笑，不是比谁跳得最好。

**菜单：**茶点应当花色多样，风味齐全。甜点要与茶相配。本书的最后收录了一些非常棒的食谱，你不妨一试。

**基调：**吉卜赛茶会有一条规矩——不得八卦，拒绝负能量和消极的话。聊天应关注灵性、爱、希望、梦想和感恩。茶会应积极向上，给人以力量。

**分享会：**上完肚皮舞课后，我一般都要开一个分享会，问问参加茶会的每位朋友，她平生最希望做什么，有什么梦想。一般是我开个头，说一个自己的梦想，比如“我想带妈妈去意大利”，然后，再向大家提一两个问题，比如“你有需要我们帮你实现的梦想么”。有机会大声说出心中的梦想，是让你与美梦成真更近了一步。此外，你不妨拿这本书，就每章结尾的问题发起一个分享会。要让人人都有发言的机会，如果人数众多，你不妨找一个计时器，给每个人限定一个发言时间。

**礼物：**我喜欢送茶给大家。我一般会取一罐茶，再附上我从院子里采的花和草药，一起送给参加茶会的客人作为礼物。想送什么随你的心意，只要是手工性质的就行。你给了她们一段精彩而非比寻常的体验后，又让她们带回去一片深情。开心地举办一场吉卜赛茶会将给你的朋友留下一段值得珍藏的记忆，你的礼物也将是这段美好记忆的唤醒石。

你越是赞美生活，生活就越值得赞美。

——美国脱口秀女王奥普拉·温弗瑞 (Oprah Winfrey)

# 茶点食谱

本章中所有原材料均以盎司为计量单位

1 盎司≈ 28.35 克

# 茶拿铁

茶拿铁非常简单，在家里就能做，不需要特殊的设备。

## 原料 Ingredient

- 1 袋红茶包。
- 6 盎司牛奶（也可以是豆浆，你也可以加入奶酪、杏仁、燕麦甚至米汤，如果是椰奶或火麻仁奶，这道茶点的味道更佳）。
- 1 盎司加盐焦糖浆。
- 少许粉红色喜马拉雅岩盐。
- 生奶油适量，根据个人喜好决定（不用搅打）。

## 做法 1 Recipe

1. 用咖啡机将茶袋用 2 盎司开水泡 3 分钟，这样做是为了泡出茶汁。
2. 煮牛奶，放入糖浆，再将茶汁倒入煮好的牛奶中一起搅拌。

3 倒上奶泡，再撒上一小撮粉红色的喜马拉雅岩盐即可。

做法 2 Recipe

1 取一口平底锅，开中火，将红茶包和牛奶一起加热，一般需要 4—5 分钟。
2 取出茶包，倒入糖浆后搅拌。
3 撒一撮粉红色的喜马拉雅岩盐，或根据自己的喜好添加其他佐料。

## 纯黑巧克力吉卜赛玫瑰茶蛋糕

这款无麸蛋糕非常诱人，让人敞开心扉，尽情享受。我喜欢用蛋糕搭配不加牛奶或蜂蜜的吉卜赛玫瑰茶，是一种别样的享受。

### 原料 Ingredient（可切成 8 块）

- 10 盎司公平贸易认证的黑巧克力，碾碎待用。
- 6 盎司无盐黄油，或室温下的椰子油（供素食主义者选择）。
- 2 袋珍娜玫瑰茶。
- 6 个室温下的鸡蛋。
- 半杯糖。
- 2 小勺香草精（纯香草精更佳）。
- 半杯无糖可可粉。

### 做法 1 Recipe

1. 将烤箱预热到 325℃。
2. 取一个 9 英寸的脱底蛋糕模，刷一层椰子油或黄油防粘。

3 在双层蒸锅内倒入 3 英寸深的水，烧开后改成小火，让水慢慢地沸腾。

4 将巧克力放入上面一层蒸锅。加热 5 分钟，不要搅拌。

5 加热巧克力的过程中，取一口小锅化开黄油或椰子油。

6 将茶袋撕开，倒入玫瑰茶。泡 5 分钟。

7 用一柄滤茶器将“黄油玫瑰茶”的茶汤倒进溶化的巧克力，搅匀，摊平后关火。

8 加入鸡蛋、糖、香草精、可可粉，拌匀摊平。

9 将巧克力糊倒入蛋糕模，入烤箱烤 45—55 分钟。

10 完全冷却后，根据你的软硬喜好，吃之前再冷藏 4 -24 分钟。

11 上桌前，可以再浇一层巧克力糖浆。如果你希望博爱人或朋友开心，可以撒几片红玫瑰花瓣或花蕾。当然，玫瑰必须没喷过农药。

12 配上吉卜赛玫瑰茶或波特葡萄酒食用，风味更佳。

# 蜜桃生姜茶司康

这款司康抹上柠檬奶酪或热黄油，再配上一大杯加了牛奶和蜂蜜的蜜桃生姜茶，就是无可取代的美味。这道茶点能带你领略无限的可能。

## 原料 Ingredient（可做 6 客司康）

- 1.5 杯精选自然发酵的面粉。
- 1/3 杯糖。
- 3 盎司常温有盐黄油。
- 1 袋珍娜蜜桃生姜茶。
- 1 杯常温牛奶。

## 做法 Recipe

1. 将烤箱预热到 350℃。
2. 将面粉、糖、黄油、茶放入搅拌机搅拌，打成细小的颗粒。
3. 将面粉倒入一只大碗，徐徐加入足量的牛奶，搅拌均匀。

4 在案板上撒少许面粉，揉牛奶面团，一般揉1—2分钟，不能揉得过火，否则做出的司康会发硬。将面团压到1英寸厚，再切成6个三角形的块。（别管切得是否均匀——司康的魅力在于手工制作的不确定性，不是机器制作的整齐划一。）

5 将司康放入铺了烘焙纸的烤盘，烤15—18分钟，直到表皮上色。

6 冷却5分钟，即可上桌。

# 巧克力覆盆子伯爵茶杯子蛋糕

巧克力、朗姆酒、覆盆子和柠檬，几样简单的食材就能做出令人叫绝的生日纸杯蛋糕——塞奇的最爱！淋上黑巧克力覆盆子伯爵茶糖霜，上面再点缀一颗新鲜的覆盆子和一些巧克力屑会更加美观。佐以覆盆子伯爵茶或早餐红茶，可享受两者相辅相成的香醇。

## 原料 Ingredient（可做 12 个杯子蛋糕）

- 3 个常温下的鸡蛋。
- 3/4 杯糖。
- 3/4 杯无盐黄油，室温软化。
- 1 杯中筋面粉。
- 1/3 杯无糖可可粉。
- 1 小勺酵母。
- 1 小勺香草精。

## 做法 Recipe

1. 将烤箱预热至 325℃。
2. 用电动搅拌机将鸡蛋和糖打到体积膨胀两倍，一般需要 3—5 分钟。
3. 调低速度，加入黄油，再加入香草精，以中速打 1 分钟。
4. 撒入面粉、可可粉和酵母，将其他食材缓慢加入面糊，用刮铲拌匀。
5. 取一个烤盘，放上杯形蛋糕专用纸杯，每个纸杯倒入 2/3 杯面糊，烤 18—20 分钟。
6. 最后撒上黑巧克力覆盆子伯爵朗姆糖霜。

## 糖霜

这种糖霜恰到好处地契合了可口的杯子蛋糕。只要少许朗姆酒，就足以调出风味，但如果你滴酒不沾，也可以用不含酒精的朗姆精油。巧克力、覆盆子和朗姆酒组合出了神奇的风味——3 种不同的口味相互交融，让你的舌头跳舞。

### 原料 Ingredient（可撒 12 个杯子蛋糕）

- 1/2 杯无糖的黑可可粉，有机、获公平贸易认证者最佳。
- 1 袋珍娜覆盆子格雷伯爵红茶。
- 1/2 磅无盐黄油，软化。
- 3 杯精制细砂糖。
- 3 勺黑朗姆酒，或一小勺朗姆精油。
- 3 勺牛奶。
- 1/2 茶匙覆盆子精油。
- 牛奶。

## 做法 Recipe

1. 用一只大碗将可可粉和茶叶拌匀。
2. 加入黄油，拌匀成糊状。
3. 加入细砂糖，然后徐徐倒入朗姆酒和覆盆子精油，以中高速搅打3—5分钟。如果糖霜看着比较干，再加一茶匙牛奶，拌匀。刮下粘在碗口的糖霜，搅拌。
4. 取一个裱花袋或一把刮铲装裱杯子蛋糕。

# 覆盆子格雷伯爵茶黑巧克力酱夹心法式马卡龙

我得承认这是我的最爱。马卡龙本身就惹人喜爱，再加上令人叫绝的巧克力酱，可以说无与伦比。

## 原料 Ingredient（可做 20 个马卡龙）

- 1 杯杏仁粉。
- 2 杯精制细砂糖。
- 1 袋珍娜椰子茶。
- 4 个室温下的蛋白。
- 一撮塔塔粉。
- 1/2 杯砂糖。

## 做法 Recipe

1. 将杏仁粉和白砂糖混合过筛，加入茶叶，搅匀待用。
2. 用电动搅拌机将蛋白和塔塔粉打到湿性发泡，撒入砂糖，继续搅打至干性发泡。
3. 将杏仁混合粉分 3 次加入蛋清。

4 取两个烤盘，铺上烘焙纸。将杏仁糊倒入裱花袋，每隔 1 英寸挤一个半圆。

5 将挤好的杏仁糊放置 30 分钟，等待表皮微微变硬。在这个过程中，将烤箱预热到 325℃。

6 烤 12—15 分钟。等马卡龙完全冷却后，再从烤盘纸上取下。

## 黑巧克力酱

做巧克力酱，我用的是格雷伯爵茶，你也可以用埃及薄荷茶，或者用别的绿茶或红茶。我一向喜欢出人意料的风味组合，敢冒风险，才能发现令人惊喜的搭配。

原料 Ingredient（可做 20 个马卡龙的夹心）

- 1/2 杯淡奶油。
- 1 袋珍娜覆盆子格雷伯爵茶。
- 4 盎司巧克力，掰碎备用。
- 1 茶匙无盐黄油。

做法 Recipe

1. 将淡奶油和茶袋倒入一口小锅，小火加热 5 分钟。
2. 将奶油过筛，倒入巧克力，静置 5 分钟后再搅匀。
3. 搅拌均匀后，加入黄油，再次搅拌。
4. 从烘焙纸上取下马卡龙，将平的一面蘸一下黑巧克力酱，与另一块一合，就成了一个夹心马卡龙。再将马卡龙蘸一下黑巧克力酱，放回烘焙纸上冷却。

## 焦糖茶意式奶酪

这是对奶油和焦糖茶的礼赞。你也可以用纯素的吉利丁片，以及不含乳制品的椰子汁做一道纯素的甜点。

### 原料 Ingredient（可做 64 盎司奶酪）

- 1 包（1 汤匙）明胶。
- 2 汤匙冷水，放入一只小碗。
- 1 杯淡奶油。
- 1/3 杯糖。
- 2 袋珍娜焦糖茶。
- 17 盎司原味希腊酸奶。

### 做法 Recipe

1. 将吉利丁片撒入水中，放一旁待用。
2. 取一口小锅，用中低火将奶油、糖和茶加热，不时搅一搅，5 分钟后关火。
3. 在茶混合物中加入吉利丁片，搅打到完全溶解。
4. 将酸奶倒入一只大碗，再过滤进茶混合物，搅匀。

5 这道茶点适合冷食，冷藏 8—16 分钟风味最佳。

# 大吉岭绿茶冰激凌

虽说困境展露了我们的天性，但在我们最需要安慰的时候，一杯清凉爽口的冰激凌就能做到。我喜爱大吉岭绿茶的内敛，蓝莓的香甜也恰到好处地弥补了香草精的浓郁。这款冰激凌可以单独享用，或搭配纯黑巧克力吉卜赛玫瑰茶糕，味道更佳！（注：这道食谱需要一台冰激凌机）

## 原料 Ingredient（可做 6 杯冰激凌）

- 2 杯牛奶（你也可以用非乳制品）。
- 1 杯新鲜蓝莓。
- 2 个香草荚。
- 2 汤匙大吉岭绿茶。
- 2 杯淡奶油。
- 1 杯糖。
- 1 汤匙香草精。

## 做法 Recipe

1. 取一口中等大小的锅，倒入 2 杯牛奶、蓝莓和香草籽，用中低火加热到沸腾。
2. 放入茶，关火，泡 30 分钟。过筛，冷藏一夜。
3. 第二天，取一个和面碗，倒入 2 杯牛奶、奶油和糖，搅拌 1—2 分钟，再加入香草精。
4. 按照冰激凌机的说明操作。冰激凌配料要柔软、香浓。如果你希望它硬一些，可将冰激凌盛入密闭的容器冷冻 2 个小时。
5. 从冰箱里取出 15 分钟后即可食用。

# 格雷伯爵茶蛋糕

这种蛋糕仿佛一块画布，等着你用自己的魅力将它装点。我喜欢浇上奥海本地产的橄榄油和一把新上市的白色橙花。

## 原料 Ingredient（可做 8 块蛋糕）

- 3 个常温下的鸡蛋。
- 1/4 杯植物油。
- 1/2 杯橄榄油。
- 2 个柠檬。
- 1 杯糖。
- 2 杯通用面粉，过筛。
- 1 袋珍娜大格雷伯爵茶。

## 做法 Recipe

1. 先取一个 9 英寸的活底带扣蛋糕膜，刷油。
2. 将烤箱预热到 325℃。
3. 取一台料理机或电动搅拌机，将鸡蛋、两种油、柠檬汁和柠檬皮打匀。

4 在鸡蛋糊中加入糖、面粉和茶叶，搅拌，直到干湿食材混合均匀。

5 将面糊倒入上了油的模具，烘焙50分钟。

6 等蛋糕完全冷却后即可食用。搭配一壶新泡的格雷伯爵茶，好好犒劳一下自己吧。

# 绿茶玛德琳

与其说玛德琳是曲奇，倒不如说它是蛋糕。这款点心可化解你的烦恼。在做之前，你需要备有玛德琳蛋糕模。

## 原料 Ingredient

- 6 汤匙无盐黄油。
- 2 袋珍娜极品绿茶。
- 3/4 杯通用面粉。
- 1/2 茶匙酵母。
- 2 个常温下的鸡蛋。
- 1/3 杯粗砂糖。
- 1 个柠檬用来挤汁。
- 2 茶匙香草精。

## 做法 Recipe

1. 取一个小锅，倒入 5 汤匙黄油，小火加热，再倒入 2 个茶袋的茶叶。黄油泡茶的同时，做玛德琳面糊。
2. 将烤箱预热到 350℃。

3 将面粉和酵母拌匀过筛，放在一旁待用。

4 取一台搅拌器，将鸡蛋、糖和蜂蜜打3—5分钟，直到体积增加3倍为止。

5 搅拌的过程中，融化一汤匙黄油，在玛德琳蛋糕模内涂抹一层。注意黄油不能过多，撒上面粉，放在一旁待用。

6 在鸡蛋糊中加入柠檬汁和香草精，打1分钟。

7 将面粉倒入鸡蛋糊，用刮铲轻轻地搅拌，直到将面粉完全拌匀。黄油茶过筛，倒入鸡蛋糊内。

8 用汤匙或裱花袋将面糊倒入玛德琳蛋糕模，烤12—15分钟。然后将模具朝下，在案板上扣出玛德琳蛋糕。

这道甜点在一天之内食用最新鲜爽口。它有着荔枝和杏子的味道，又有着新鲜柠檬令人神清气爽的清香。搭配一壶极品绿茶，让茶和甜点在你口中融化，带你进入一个无忧无虑的境界。

**图书在版编目（CIP）数据**

孤独的时候，不如吃茶去 / （美）珍娜·缪赛卡著 ；
王国平译. -- 北京 ：北京时代华文书局，2017.2
书名原文：Life by the Cup: Ingredients for a
Purpose-Filled Life of Bottomless Happiness and
Limitless Success
ISBN 978-7-5699-1342-2

Ⅰ. ①孤… Ⅱ. ①珍… ②王… Ⅲ. ①成功心理一通
俗读物 Ⅳ. ①B848.4-49

中国版本图书馆 CIP 数据核字（2016）第 312728 号



北京市版权著作权合同登记号： 01-2016-2930

孤 独 的 时 候， 不 如 吃 茶 去
GUDU DE SHIHOU BURU CHICHA QU

著　　者｜（美）珍娜·缪赛卡
译　　者｜王国平

出 版 人｜王训海
选题策划｜牛瑞华　贾毓婷
责任编辑｜陈丽杰　袁思远
责任校对｜陈丽杰　袁思远
装帧设计｜尚燕平
责任印制｜刘社涛

出版发行｜北京时代华文书局 http://www.bjsdsj.com.cn
北京市东城区安定门外大街 136 号皇城国际大厦 A 座 8 楼
邮编：100011 电话：010-64267955 64267677
印　　刷｜北京画中画印刷有限公司　电话：13331117718
（如发现印装质量问题，请与印厂联系调换）
开　　本｜880×1230mm　1/32　印　张｜7.75　字　数｜122 千字
版　　次｜2017 年 3 月第 1 版　印　次｜2017 年 3 月第 1 次印刷
书　　号｜ISBN 978-7-5699-1342-2
定　　价｜42.00 元